雾霾污染排放的影响
及其管控优化

吴先华　郭　际　陈玉凤　王莹莹　陈珊珊　著

科学出版社

北京

内 容 简 介

中国雾霾天气日益严重，控制雾霾排放成为中国环境治理中的紧迫任务。本书就如何控制雾霾排放开展理论分析和实证研究。采用零和收益数据包络分析法（ZSG-DEA）研究雾霾污染排放总量一定情景下的排污权交易问题；根据冗余削减原理研究雾霾污染的投入指标的削减；采用多阶段网络数据包络分析法（DEA）对雾霾污染排放开展多阶段控制等。最后从宏观、中观和微观 3 个层面为我国的雾霾污染排放控制提出对策建议。本书创新性地采用管理学思路和方法研究雾霾污染控制问题，可以为雾霾的控制与治理提供参考和借鉴。

本书可以作为管理科学、经济学、环境学及相关交叉学科的高年级本科生和研究生学习用书，也可以供所有关心生态环境污染问题的官产学研界同仁参考。

图书在版编目（CIP）数据

雾霾污染排放的影响及其管控优化 / 吴先华等著. —北京：科学出版社，2018.7

ISBN 978-7-03-058216-4

Ⅰ. ①雾… Ⅱ. ①吴… Ⅲ. ①空气污染–污染防治–研究–中国 Ⅳ. ①X51

中国版本图书馆 CIP 数据核字（2018）第 141310 号

责任编辑：王腾飞 / 责任校对：王　瑞
责任印制：张　伟 / 封面设计：许　瑞

科 学 出 版 社 出版
北京东黄城根北街 16 号
邮政编码：100717
http://www.sciencep.com

北京凌奇印刷有限责任公司 印刷
科学出版社发行　各地新华书店经销

*

2018 年 7 月第 一 版　开本：720 × 1000　1/16
2019 年 6 月第二次印刷　印张：11
字数：230 000

定价：89.00 元

（如有印装质量问题，我社负责调换）

基金和项目资助

国家社会科学基金规划项目"基于数据包络分析的灰霾排放的优化管控研究"（17BGL142）

国家自然科学基金重大研究计划培育项目"支持应急决策的气象灾害大数据融合的方法研究"（91546117）

国家自然科学基金面上基金项目"支持应急联动政策设计的气象灾害间接经济损失评估的方法研究"（71373131）

教育部留学回国人员科研启动基金"气象灾害应急联动的政策设计"（No. 2013-693）

江苏高校优势学科建设工程资助项目

江苏省首批品牌专业"信息管理与信息系统"资助项目

前　言

近年来中国雾霾天气日益严重，控制雾霾成为中国环境治理的紧迫任务。本书基于系统科学思维，采集社会经济、大气环境、雾霾等数据，运用空间计量方法、基于松弛变量的超效率数据包络模型（super slacks based measure-DEA，Super-SBM）、零和收益 DEA 模型（zero sum gains-DEA，ZSG-DEA）、含有非期望产出的 DEA 模型、多阶段网络 DEA 模型等分别研究雾霾污染的排放效率及其影响因素、排放源削减、对地方重污染企业的影响等问题。

第 1 章主要介绍了本章的研究背景、研究意义、研究的基本内容和重点。第 2 章采用空间计量方法，研究了中国雾霾污染的空间集聚特征和影响因素，提出了相应的对策建议。第 3 章采集了 19 个省 2008～2012 年的空气污染指数（air pollution index，API）数据、重污染企业的相关财务数据，利用 Jones 模型，采用多断点回归方法检验空气污染对地方重污染企业盈余管理的影响，分析了 2008～2012 年重污染企业的盈余管理行为。第 4 章采集了中国地级市以上重点监测城市的 AQI 指数及这些城市上市重污染企业 2011～2016 年的股票收益率数据，利用多断点回归模型检验空气污染程度对地方重污染企业股票收益率的影响。第 5 章基于规模报酬可变的 Super-SBM 模型，测算了我国大气环境效率值，分析其区域分布和收敛情况，并运用 Tobit 模型分析我国大气环境效率的影响因素。第 6 章从自然绩效、管理绩效和规模绩效 3 个方面对中国 109 个环保重点监测城市及区域间的环境绩效进行评价。第 7 章用 ZSG-DEA 方法，评价了中国各省份 $PM_{2.5}$ 的排放效率，重新分配了各省份的排放权。第 8 章构建了带有中间投入和中间产出的二阶段 DEA 模型，分阶段测算我国 31 个省份投入指标的产出效率，在此基础上评估各省份的排放效率。第 9 章提出一种通过削减投入指标以控制雾霾总体排放的思路，利用数据包络模型，测算我国 29 个省份投入指标的产出效率，计算投入指标冗余率。

本书创新处包括：①打破物理化学方法防治雾霾的传统范式，构建管理学分析框架。借助 DEA 这种实用的优化规划方法，提出"方法研究→额度测算→对策方案"的管理分析框架，是对传统防治雾霾思路的有益补充。②改变雾雾霾治理的线性思维。充分考虑各决策单元的实际情形，分阶段提出各省份和产业的雾霾削减计划，为科学防治雾霾提供决策依据。③丰富 DEA 模型的类型，扩充 DEA 的应用范围。雾霾是自然环境与人类社会的共同产物。但雾霾与单一的大气污染物不同，其组分及形成过程复杂，很少有人将 DEA 应用于雾霾的排放效率。本书结合气象条件和大气环境等合理构建兼顾效率与公平的 DEA 模型、多阶段 DEA 模型，以及考虑决策单元竞合关系的 DEA 模型等，丰富和扩充了 DEA 模型的类型及其应用领域。

　　本书视角独特、数据翔实、结论可行，适合政府部门相关管理工作者、学者、研究生和高年级本科生，以及关心雾霾治理的社会各界人士阅读。

作　者

2018 年春

目　　录

第1章 绪 论

本章首先介绍了本书研究背景和研究意义，阐明雾霾污染治理任务的艰巨性，认为研究 $PM_{2.5}$ 的排放效率和 $PM_{2.5}$ 排放权的再分配具有积极的理论意义和实践意义。然后提出了研究内容、研究重点和技术路线图。

1.1 研 究 背 景

1.1.1 中国面临突出的雾霾污染问题

近年来，中国日益严重的雾霾天气已经引起了国内外的广泛关注[1]。2013 年 1 月，中国有 30 个省（自治区、直辖市）被 4 次雾霾过程笼罩，全月北京仅有 5 天不是雾霾天。2014 年 1 月 14 日，研究报告《迈向环境可持续的未来——中华人民共和国国家环境分析》指出，中国最大的 500 个城市中，只有不到 1%的城市达到了世界卫生组织推荐的空气质量标准，世界上空气污染最严重的 10 个城市中有 7 个在中国[2]。

$PM_{2.5}$ 是对我国雾霾天气影响最大的污染物之一，主要有 5 个污染特征：①年均浓度绝对值较高，在我国东部地区 $PM_{2.5}$ 年均浓度常在 $100\mu g/m^3$ 以上，高于最新修订的国家《环境空气质量标准》（GB 3095—2012）70%～160%；②由 SO_2、NO_x、NH_3、VOC_x 等气态污染物通过化学反应形成的二次颗粒物在 $PM_{2.5}$ 中的比例高，在部分区域超过了 60%；③区域污染特征明显，在东部的京津冀和长三角等区域，超标城市比例超过 80%，且重污染发生体现出同步性的特点；④重污染过程发生频率高，持续时间长，部分地区 $PM_{2.5}$ 最高日均浓度超过国家《环境空气质量标准》（GB 3095—2012）4 倍，$PM_{2.5}$ 日均浓度全年超标天数可达 40%；⑤复合型空气污染的氧化性增强，O_3 超标率逐年增加，O_3 和 $PM_{2.5}$ 成为共同影响城市空气质量超标的 2 个首要污染物，在长三角地区，高温季节 $PM_{2.5}$ 与 O_3 同步污染出现的频率可达 30%。

严重的雾霾天气给人民群众的身心健康造成了严重影响，也直接或间接地增加社会成本，带来了巨大的经济损失。同时，以持续大范围的雾霾为特征的重污染过程甚至引发了社会民众的恐慌心理，也对政府的公信力产生了极其不良的影响。

1.1.2　中国的空气质量改善是长期而艰巨的任务

《中国环境与发展国际合作委员会 2012 年年会专题政策研究报告》（2012）指出，按照《环境空气质量标准》（GB 3095—2012）要求，到 2025 年，全国约 80%的城市要达到标准要求。为此，需要在每个"五年计划"内使全国主要城市的 PM_{10} 和 $PM_{2.5}$ 平均浓度降低 10%～15%。但 $PM_{2.5}$ 的来源不仅包含由污染源直接排放的一次颗粒物，还包含由 SO_2、NO_x、VOC_x、NH_3 等气体污染物在大气环境中转化形成的二次颗粒物，为了达到空气质量改善的要求，必须对一次颗粒物和 SO_2、NO_x、VOC_x、NH_3 等转化的二次颗粒物进行持续减排，每一个"五年计划"的减排幅度不能低于 15%，而这个减排指标已经远超过国家"十一五"和"十二五"国家总量控制的任务要求。可见，我国空气质量的改善是一项长期而艰巨的任务。

1.1.3　我国政府积极应对雾霾污染问题

我国政府面对日益严峻的空气污染境况，高度重视雾霾的防治工作，先后出台了一系列重要的政策文件。如《"十二五"节能减排综合性工作方案》（2011 年）、《重点区域大气污染防治"十二五"规划》（2012 年）、《环境空气质量标准》（2012）、《大气污染防治行动计划》（2013 年）和新修订的《环保法》（2015 年）等，都提出要建立区域协作机制，统筹区域环境治理。尤其我国于 2012 年修订的《环境空气质量标准》（GB 3095—2012）参考了世界卫生组织对空气质量标准的建议，严格遵守其对 PM_{10} 的限值要求，并把 $PM_{2.5}$ 纳入指标体系，使针对 PM_{10} 和 $PM_{2.5}$ 的标准与世界卫生组织推荐的第一阶段空气质量改善目标值成功对接。国务院还与各省级政府签订了目标责任书，进行年度考核，严格责任追究，积极探索大气污染联防联控机制等。但从治理实践来看，利用行政力量强力推动雾霾治理，可以在短期内起到一定的效果，但短暂的关停只能带来雾霾的临时减少，一旦放松管制又会带来雾霾的迅猛增加。如 2014 年发生在北京的"APEC 蓝"和南京的"青奥蓝"就是很好的例证。从长期来看，充分发挥市场机制来有效治理雾霾，可能是治理雾霾的另一种思路。如尝试引进国际上较为成熟的碳排放权初始分配的经验和做法，控制雾霾典型组分的排放总量，分配各地的初始排放权，然后将多余排放权进行市场交易。这种思路既考虑了总体目标，又考虑了各省的实际情形，发挥了各省的自主性，比起采取简单关停涉污企业以控制雾霾的做法更加长远有效。但是，各省雾霾的初始排放权分别为多少？几乎没有类似的研究。与碳排放不同，雾霾的总量难以计算，采取何种指标计算雾霾的排放权，又采用什么方法评价各省雾霾的排放效率，值得深入研究。

鉴于此，本书以 $PM_{2.5}$ 浓度作为雾霾的代表性变量，以全国各省（自治区、直辖市）为评价单元，在控制全国 $PM_{2.5}$ 排放浓度总量的前提下，纳入国土面积和大气环境容量等指标，对各省的 $PM_{2.5}$ 排放权进行重新分配，为 $PM_{2.5}$ 排放权的市场交易提供实证支持，同时为我国政府的雾霾治理提供新思路。

1.2 研究意义

1.2.1 理论研究意义

雾霾是自然过程与人类活动的共同产物。而传统的 DEA 模型主要针对人类活动效率开展评价，有必要针对雾霾污染物排放构建特定的 DEA 模型族，有兼顾公平与效率的多目标 DEA 模型、考虑决策单元竞合关系的 DEA 模型、多阶段网络 DEA 模型等，既丰富 DEA 模型类型，又拓展 DEA 的应用范围。

1.2.2 实际应用价值

通过研究中国雾霾污染的空间集聚特征、研究空气污染对地方重污染企业盈余管理和企业股票收益率的影响、测算我国各省份和重点监测城市的大气环境效率值、评估省际和产业间的分配效率等，对 $PM_{2.5}$ 排放量进行重新分配，提出投入指标的削减幅度，确定区域和产业的排放额度等，这些结果可为大气污染物的综合治理工作提供实证支持，给各级政府部门和产业主管部门提供参考。

1.2.3 学科建设意义

本书的研究成果是多学科领域知识融合创新的有益尝试，将有力推动大气科学、环境科学、管理科学与经济学等学科的融合发展，促进交叉型科研教学队伍建设和人才培养。

1.3 研究的基本内容和重点

1.3.1 基本内容

本书基于区域经济学、系统科学等思想，结合数据，分别运用空间计量方法、基于规模报酬可变的 Super-SBM 模型、绩效评估、SBM-Undesirable 模型、ZSG-DEA 模型、多阶段网络 DEA 模型以及含有非期望产出的 DEA 模型等对我国大气污染物（主要指雾霾）进行研究。

第 1 章是绪论，主要介绍本章的研究背景、研究意义、研究的基本内容和重点、技术路线图和本书的创新点。研究背景部分以中国雾霾天气日益严重为出发点，详细阐述了中国霾污染的严峻状况，国际社会的关注和中国政府的高度重视以及减霾对策，并从 3 个方面阐述了本书的研究意义和创新点。

第 2 章采用空间计量方法，研究了中国雾霾污染的空间集聚特征和影响因素，提出了相应的对策建议。现状表明，中国的雾霾污染严重，主要在中东部地区呈现块状分布，且具有显著的空间溢出效应，而一个省份或地区通过向邻近省份转移污染产业，或严格实行环境管制的单方面"治霾行动"难以根治本地区的雾霾，因此，有必要发挥中国政府在公共管理方面的优势，利用"举国体制"进行联防联控；同时，征收相关税费，利用法律和经济手段进行环境管制；最后，加大舆论宣传，鼓励绿色生活模式，全民参与，共同治理雾霾。

第 3 章采集了 19 个省 2008～2012 年间的空气污染指数（air pollution index，AQI）数据、重污染企业的相关财务数据，利用 Jones 模型，采用多断点回归方法检验空气污染对地方重污染企业盈余管理的影响，分析了 2008～2012 年间重污染企业的盈余管理行为，对实证结果进行了讨论，并提出了相应的对策建议。

第 4 章采集了中国地级市以上重点监测城市的 AQI 数据及这些城市上市重污染企业 2011～2016 年的股票收益率数据，利用多断点回归模型检验空气污染程度对地方重污染企业股票收益率的影响。本章简要探讨了这种现象背后的原因，最后提出，应严格控制空气污染，持续正视空气污染问题，这样才可能群策群力治理空气污染，实现城市的可持续发展。本章首次研究了中国地级市以上重点监测城市的空气污染对股票收益率的影响，所得结论可以为政府监管部门、股市投资者和企业经营者提供实证参考。

第 5 章利用 2002～2010 年我国 30 个省市的面板数据，采用人口加权的 $PM_{2.5}$ 浓度作为大气环境污染指标，基于规模报酬可变的 Super-SBM 模型，测算了我国大气环境效率值，分析其区域分布和收敛情况，并运用 Tobit 模型分析我国大气环境效率的影响因素，最后提出相应的对策建议。

第 6 章运用数据包络分析方法（DEA），同时将 $PM_{2.5}$ 和 PM_{10} 等空气污染物作为非期望产出，从自然绩效、管理绩效和规模绩效 3 个方面对中国 109 个环保重点监测城市及区域间的环境绩效进行评价。本章所采用的方法可以为城市的绩效评估提供参考，所得到的评价结果能够反映出中国环保重点监测城市及各区域环境绩效水平的差异，可为城市及区域的环境均衡发展提供参考。

第 7 章首先介绍排污权初始分配的含义，论述了排污权初始分配的 3 个主要理论基础：环境容量资源的稀缺性理论、外部性理论和产权理论。然后介绍了传统 DEA 模型、非期望产出做投入法的 DEA 模型、SBM-Undesirable 模型、ZSG-DEA 模型的设定，在相关模型的基础上描述了各个模型所采用的投入产出指标，并说明了数据的来源。最后进行实证分析。

第 8 章根据雾霾是二次污染物的特点，将雾霾排放效率评价分为两个阶段，即将雾霾产生阶段作为第一阶段，雾霾治理阶段作为第二阶段，构建了一种带有中间投入和中间产出的二阶段 DEA 模型，分阶段测算我国 31 个省份投入指标的产出效率，在此基础上评估各省份的排放效率。本章首次构建了针对雾霾排放效率评估的网络 DEA 模型；扩充了 DEA 的应用范围，所得到的结论可以为雾霾等类似复合污染物的治理提供借鉴。

第 9 章提出一种通过削减投入指标以控制雾霾总体排放的思路，利用数据包络模型（DEA），在文献调研的基础上，选用 SO_2 排放量、NO_x 排放量、烟尘排放量、煤炭消费量、汽车保有量、资本、劳动力 7 个投入指标，将 GDP 和 $PM_{2.5}$ 排放量分别作为期望产出和非期望产出指标，测算我国 29 个省份投入指标的产出效率，计算投入指标冗余率，本章的研究思路为削减雾霾的理论研究提供参考，结果可为政府的减霾工作提供实证支持。

1.3.2　研究重点

本书的重点主要包括以下 2 方面。

（1）数据收集困难，实证工作量大。涉及的数据主要有两类：①全国各重点监测城市、各省份等不同层面的 $PM_{2.5}$ 浓度数据。②社会统计数据，主要来源于基于行政单位的统计。社会统计数据指标类别众多，统计口径差异大，主要包括社会资本存量数据以及社会经济流量数据。目前，这些数据在实践上通常以年月旬进行统计，很难与雾霾灾害数据在时空上相对应，因此要做相应的数据换算处理。

本书以典型的雾霾污染为例，采集的气象数据以及社会统计数据需进行数据融合、数据挖掘，实证计算的工作量大。

（2）模型构建以及参数选择问题。本书主要涉及的方法模型主要有空间计量方法、基于规模报酬可变的 Super-SBM 模型、绩效评估、SBM-Undesirable 模型、ZSG-DEA 模型、含有非期望产出的 DEA 模型、多阶段网络 DEA 模型等，模型众多且参数选择标准各异，需要仔细甄别，在不同情景下选择合适的模型。

1.4　创新性观点

首先，打破传统的物化方法防治雾霾的范式，构建管理学分析框架。学者们通常采用物理和化学手段解析雾霾组分，通过查找雾霾源头的方式防治雾霾。但雾霾成分及种类繁多，源头解析工作在短期内难以奏效。本书借助数据包络分析（DEA）这种实用的优化规划方法，提出"方法研究→额度测算→对策方案"的管理分析框架，是对传统防治雾霾思路的有益补充。

其次，改变雾霾治理的线性思维，从中观层面设计雾霾削减计划。在政府命令、民众压力和经济增长等多重压力下，各级政府对雾霾的治理有"遇事即关停涉污企业"与"平日放松管制"并存的现象。如"奥运蓝""青奥蓝"和"G20蓝"等便是例证。雾霾污染反复频发，很大程度上损害了政府的公信力和执政威望。本书拟充分考虑各决策单元的实际情形，分阶段提出各省份和产业的雾霾削减计划，为科学防治雾霾提供决策依据。

最后，丰富DEA模型的类型，扩充DEA的应用范围。雾霾是自然环境与人类社会的共同产物。但雾霾与单一的大气污染物不同，其组分及形成过程复杂，很少有人将DEA应用到研究雾霾的排放效率。本书结合气象条件和大气环境等知识，合理构建兼顾效率与公平的DEA模型、多阶段DEA模型，以及考虑决策单元竞合关系的DEA模型等，丰富和扩充了DEA模型的类型及其应用领域。

参 考 文 献

[1] Yu X，Zhu B，Yin Y，et al. A comparative analysis of aerosol properties in dust and haze-fog days in a Chinese urban region[J]. Atmospheric Research，2011，99（2）：241-247.

[2] [美]克鲁克斯. 迈向环境可持续的未来：中华人民共和国国家环境分析[M]. 张庆丰，译. 北京：中国财政经济出版社，2012.

第 2 章　雾霾污染的空间集聚特征

本章采用空间计量方法，研究了中国雾霾污染的空间集聚特征和影响因素，提出了相应的对策建议。现状表明，中国的雾霾污染严重，在中东部地区呈现块状分布，覆盖 17 个省份空间自相关分析发现，中国 PM$_{2.5}$ 存在着显著的空间相关性。PM$_{2.5}$ 值较大（或较小）的省份"成团"集聚，污染严重的省份人口密度、GDP 密度、煤炭消耗密度和民用汽车拥有量等指标均较高，位居全国前列。空间面板计量模型进一步表明，对 PM$_{2.5}$ 值影响最大的是总量性指标，而不是结构性指标。总量性指标如 GDP、人口数和废气排放总量对 PM$_{2.5}$ 值有显著影响。库兹列茨曲线的研究认为，PM$_{2.5}$ 值还远未达到增长的转折点。若不采取有效措施，随着 GDP 的进一步增长，PM$_{2.5}$ 值还将继续快速增加。因此，中国必须加大雾霾治理的力度。有必要发挥中国政府在公共管理方面的优势，利用"举国体制"进行联防联控；同时，征收相关税费，利用法律和经济手段进行环境管制；并且加大舆论宣传，鼓励绿色生活模式，全民参与，共同治理雾霾。

近年来，中国持续爆发大规模的以 PM$_{10}$（可吸入颗粒物）和 PM$_{2.5}$（可入肺颗粒物）为主要构成的雾霾天气，严重危害了公众健康和正常生活，造成了巨大的经济损失。2013 年 1 月，全国华东、华北等地 140 多万平方公里的国土面积受雾霾笼罩，8 亿以上人口受到影响，北京地区整个 1 月只有 5 天是非霾天。2014 年 2 月，雾霾再次笼罩我国北方 161 个城市。其中，51 个城市出现重度及以上污染、11 个城市出现严重污染。雾霾导致中小学紧急停课，高速公路和机场全线封闭。仅 2012 年，中国因雾霾等空气污染造成的经济损失近 2 万亿元[1]。

雾霾的来源成分较为复杂。许多学者对雾霾的组分进行了研究[2~6]，学者们热衷于从物理和化学的角度，分析不同类型雾霾的组分及其比例，但很少有人从时间和区域的角度，研究不同组分对雾霾增长的贡献[7~11]。从组分来看，雾霾的来源主要有工业废气、机动车及机械尾气、餐饮油烟尘、燃煤尘等。这些污染源分别与 GDP 值、人口数、能源消耗和工业排放密切相关。这里分别用以上变量作为雾霾组分的替代变量，采集 2001~2010 年雾霾及各变量的数据，在分析雾霾空间溢出效应的基础上，采用空间面板数据模型，分析各变量对雾霾增长的贡献程度。最后，还利用雾霾与 GDP 变量，构建了库兹涅茨曲线，预测了雾霾增长曲线的可能拐点。

本章余下部分包括中国雾霾的现状及雾霾的空间相关性分析，空间面板数据的设定及实证结果，库兹涅茨曲线回归结果，最后是结论及政策建议。

2.1　雾霾污染的空间相关性分析

2.1.1　数据来源及说明

雾霾中 PM_{10} 和 $PM_{2.5}$ 为主要成分。国内自 2012 年才开始正式统计 $PM_{2.5}$ 的相关数据，并且数据的获取非常困难。目前，国内外学者除采用自行观测的数据外[12~13]，大部分均采用巴特尔研究所（Battelle memorial institute）和哥伦比亚大学国际地球科学信息网（Center for International Earth Science Information Network）研发的全球 2001~2010 年 $PM_{2.5}$ 年均值，该数据将遥感气溶胶光学厚度（remotely sensed aerosol optical depth）通过物理和化学模型反演解析，得到不同湿度下的区域 $PM_{2.5}$ 的年均值。[14]同时，该团队成员还计算了人口加权下 2001~2010 年的 $PM_{2.5}$ 数据。本书下载制作了湿度为 35% 的 2001~2010 年中国各省的 $PM_{2.5}$ 值。但与人口加权的 $PM_{2.5}$ 值相比较，后者充分考虑了 $PM_{2.5}$ 值对不同密度人口的实际影响，更具有说服力，因此，这里采用了人口加权的各省 $PM_{2.5}$ 值。由于其他数据的可获得性，这里没有考虑台湾、香港、澳门和重庆地区（将重庆与四川合并），以中国此外 30 个省份为例进行研究。

2.1.2　雾霾污染现状

中国的雾霾污染严重。从人口加权的 $PM_{2.5}$ 值来看，2001~2010 年，中国各年的 $PM_{2.5}$ 均值为 24.51~29.975μg/m^3，有一定的起伏，但幅度不大。2007 年达到最大，为 29.975μg/m^3；2010 年最小，为 24.475μg/m^3，但均远高于世界卫生组织（WHO）规定的空气质量标准 10μg/m^3。研究案例中，仅有 3 个省份的 $PM_{2.5}$ 值低于该标准，海南省有 10 年、黑龙江省有 8 年、西藏有 4 年低于该标准，其余省份各年的 $PM_{2.5}$ 值都高于该标准。其中，山东省有 4 年、河南省有 3 年、江苏省有 2 年、河北省有 1 年的 $PM_{2.5}$ 值在全国最高，在 50μg/m^3 左右，是空气质量标准的 5 倍，属于重度污染。这些省份均位于中国的东中部地区（图 2-1）。

可见 $PM_{2.5}$ 值有明显的空间集聚现象。有研究用巴特尔研究所和哥伦比亚大学国际地球科学信息网研发的 2001~2006 年的 $PM_{2.5}$ 年均值，发现中国 350 个地级市的 $PM_{2.5}$ 值呈两条带状分布，一条北起河北北部，穿过北京、陕西、河南西北部和陕西南部，最后终点是四川的东南部；另一条东起上海、浙江，穿过安徽南部、湖南和江西，最后到达广西和广东[15]。与他们研究不同的是，我们发现，2001~2010 年，中国各省份的 $PM_{2.5}$ 值呈现块状分布，在地理上高度集聚。即 $PM_{2.5}$ 值

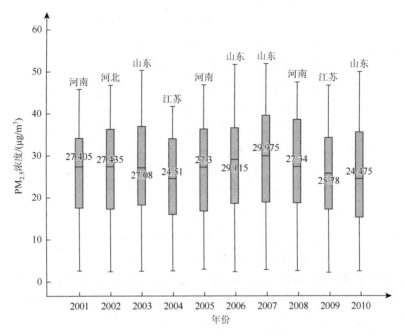

图 2-1　2001～2010 年中国各省份人口加权的 $PM_{2.5}$ 值的箱线图

较高（大于均值）的省份均位于中国的东、中部地区，形成面积较大的块状区域。该区域北起河北，南至广东、广西，东到山东、江苏，西至四川，人口数和 GDP 值约占中国的 3/4，几乎囊括了中国所有的经济发达省份，与此同时，这些地区的人口都暴露在雾霾的威胁之下。

　　从以上结果来看，$PM_{2.5}$ 具有明显的块状分布特征。说明雾霾的污染可能存在空间相关性。下面将采用空间计量方法进一步测量 $PM_{2.5}$ 值的空间相关程度。

2.1.3　全局空间相关性

　　Tobler[16]曾提出"地理学第一定律"（first law of geography），认为"任何事物在空间上都是关联的；距离越近，关联程度就越强；距离越远，关联程度就越弱"。由于中国的人口分布和经济发展程度存在着空间集聚现象，$PM_{2.5}$ 值也可能存在着类似特征。这里采用了 Moran 提出的 Moran's I 指数[17]，以检验 $PM_{2.5}$ 值的全局空间相关性。

$$I = \frac{n\sum_{i=1}^{n}\sum_{j=1}^{n}w_{ij}(A_i - \bar{A})(A_j - \bar{A})}{\sum_{i=1}^{n}\sum_{j=1}^{n}w_{ij}\sum_{i=1}^{n}(A_i - \bar{A})} = \frac{\sum_{i=1}^{n}\sum_{j=1}^{n}w_{ij}(A_i - \bar{A})(A_j - \bar{A})}{S^2\sum_{i=1}^{n}\sum_{j=1}^{n}w_{ij}} \qquad (2\text{-}1)$$

其中，n 为所研究的省份数；i，j 表示各省份；A_i，A_j 表示第 i，j 个省份的人口加

权的 $PM_{2.5}$ 值；S^2 为 30 个省份的人口加权 $PM_{2.5}$ 值的方差；I 是指数值。I 用于衡量全局空间相关性的大小，其取值为 $-1 \sim 1$，若取值为正，表示 A_i 和 A_j 是同向变化，数据呈正相关；若取值越接近 1，表示正向空间自相关性越强，$PM_{2.5}$ 的高值与高值（或低值与低值）相邻；若取值为负，表示 A_i 和 A_j 是反向变化，数据呈负相关；若取值越接近 -1，则负向空间自相关性越强，$PM_{2.5}$ 的高值与低值（或低值与高值）相邻；若取值接近于 0，则数据呈随机分布，不具有相关性。

w_{ij} 为空间权重矩阵，其取值规则为：

$$w_{ij} = \begin{cases} 1 & \text{当省份} i, j \text{相邻} \\ 0 & \text{当省份} i, j \text{不相邻} \\ 1 & \text{当省份} i = j \end{cases} \quad (2\text{-}2)$$

这里的相邻，指的是两个省份只要有共同的边或点。在本次计算空间权重矩阵时，将四川与重庆合并为一个单元。

从计算结果来看，各省份的 Moran's I 值为 $0.24 \sim 3.244$，较为稳定，表示各省份的 $PM_{2.5}$ 值有正向的空间自相关性，即某省的 $PM_{2.5}$ 值越高，其邻近省份的 $PM_{2.5}$ 值也较高，反之则较低；Moran's I 的伴随概率 P 值均小于 0.05，说明在统计上是显著的。

从各年份的 Moran's I 值来看，2007 年的最高，为 0.3244；2004 年的最低，为 0.24。这与 $PM_{2.5}$ 均值最高和最低的年份基本接近，再将 $2001 \sim 2010$ 年的 Moran's I 和 $PM_{2.5}$ 均值做相关分析，两个序列的 Pearson 相关系数值为 0.621，双侧 P 值为 0.055，单侧 P 值为 0.028，表明两个序列具有一定的相关性，在 10% 的水平下显著。即 $PM_{2.5}$ 均值越高的年份，其空间相关性越强，空间集聚的特征越明显；均值越低的年份，空间相关性则较弱，空间集聚特征越不明显（表 2-1）。

表 2-1　$2001 \sim 2010$ 年中国各省份的人口加权 $PM_{2.5}$ 值的全局 Moran's I 指数值

年份	Moran's I	I 的期望值	I 的标准差	I 的 Z 检验值	I 的伴随概率 P 值
2001	0.28	−0.03125	0.1061	2.927	0.00178
2002	0.306	−0.03125	0.1122	2.9797	0.000976
2003	0.275	−0.03125	0.1081	2.8452	0.00186
2004	0.24	−0.03125	0.1079	2.5	0.00748
2005	0.2564	−0.03125	0.1149	2.4492	0.00463
2006	0.264	−0.03125	0.1101	2.7003	0.00369
2007	0.3244	−0.03125	0.1136	3.1535	0.000419
2008	0.287	−0.03125	0.1133	2.7723	0.00147
2009	0.254	−0.03125	0.1114	2.5469	0.0047
2010	0.276	−0.03125	0.1163	2.6268	0.0018

注：I 的期望值 $E(I) = -1/n - 1$，此处 $n = 32$（重庆、四川合并，包括香港、澳门、台湾）；由蒙特卡罗模拟 999 次。

2001～2010 年各省的 Moran's I 值的散点图可以平均值为轴，分为四个象限。第一、三象限分别表示高—高、低—低的正相关，第二、四象限表示低—高、高—低的负相关。从散点图来看，每年约有 15 个省份的 Moran's I 值位于第一象限，说明这些省份的 $PM_{2.5}$ 值较大，且呈现空间集聚特征；约有 8 个省份位于第三象限，说明这些省份的 $PM_{2.5}$ 值较小，且呈现空间集聚特征；约有 10 个省份位于第二、四象限，说明这些省份的 $PM_{2.5}$ 值负相关，未呈现空间集聚特征。总体来看，大多数省份的 $PM_{2.5}$ 值还是具有空间集聚特征的，即 $PM_{2.5}$ 值高（或低）的省份相邻（图 2-2）。

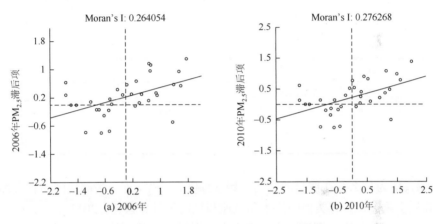

图 2-2　各省 $PM_{2.5}$ 值的 Moran's I 值散点图

2.1.4　局域空间相关性

全局空间自相关所采用的 Moran's I 散点图检验的是整体层面上的聚类特征，但不能检验局部地区一些省份的 $PM_{2.5}$ 值是否存在聚类现象。因此，这里采用 LISA（local indicator of spatial association）指数检验中国各省份 $PM_{2.5}$ 值的局部空间自相关特征[15]。某区域 i 的 LISA 指数的计算公式为：

$$I_i = \frac{(A_i - \overline{A})}{S^2} \sum_{j \neq i}^{n} w_{ij} (A_j - \overline{A}) \tag{2-3}$$

其中，n，i，j，A_i，A_j，S^2 均与前设定相同。I_i 是指数值，用于衡量 i 区域的空间相关性的大小，$I_i > 0$，表示 i 区域中各省份的 $PM_{2.5}$ 的高值与高值（或低值与低值）相邻，即 $PM_{2.5}$ 值较高（或 $PM_{2.5}$ 值较低）的省份在空间上集聚；$I_i < 0$，表示 $PM_{2.5}$ 的高值与低值（或低值与高值）相邻，即 $PM_{2.5}$ 值较高的省份与 $PM_{2.5}$ 值较低的省份（或 $PM_{2.5}$ 值较低的省份与 $PM_{2.5}$ 值较高的省份）在空间上集聚。

通过 LISA 指数分析可知，中国大部分省份的 $PM_{2.5}$ 值存在着明显的"高值-

高值"或"低值-低值"空间集聚的现象。高值集聚的省份大多集中在东、中部地区，如河北、山东、河南、安徽、北京、江苏、湖北等；低值集聚的省份大多集中在西部和东北地区，如吉林、新疆等。表 2-2 汇集了 2001～2010 年间 $PM_{2.5}$ 值存在"高值-高值"或"低值-低值"集聚的省份名称。其结果均通过了显著性水平为 5%的检验，且由蒙特卡洛模拟 999 次得到。

表 2-2 2001～2010 年中国"高值-高值"或"低值-低值"空间集聚的省份列表

年份	2001	2002	2003	2004	2005
高值-高值	河北、山东、河南、安徽、江苏	天津、山东、河南、安徽、江苏	北京、天津、河北、山东、河南、安徽	山东、河南、安徽	山东、河南、安徽
低值-低值	吉林			吉林	吉林

年份	2006	2007	2008	2009	2010
高值-高值	北京、天津、河北、山东、河南、安徽	北京、天津、河北、山东、河南、安徽、江苏	北京、天津、河北、山东、河南、安徽	山东、河南、安徽、江苏	河北、山东、河南、安徽
低值-低值	新疆	吉林			吉林

$PM_{2.5}$ 值为什么存在明显的空间集聚现象呢？首先，东、中部地区的省份都处于东亚夏季风区，具有类似的降水和风速与风向等气象条件。2013 年 1 月中国东部地区（江苏、北京、浙江、安徽和山东）爆发强度强、持续时间长、发生范围广的雾霾天气。首先，气象因子对雾霾天气的形成影响较大，方差贡献达到 0.68[19]；其次，我国东、中部省份的人口较为密集、经济较为发达，生产和生活中排放的废气、汽车拥有量和煤炭消耗量也较多，$PM_{2.5}$ 值也较高（表 2-3）。以 2010 年 $PM_{2.5}$ 高值集聚的河北、山东、河南、安徽四省为例，这些省份每平方公里的人口数是全国平均值的 3 倍多，其中山东（623 人/km^2）、河南（563 人/km^2）、安徽（426 人/km^2）、河北（383 人/km^2）。每平方公里 GDP 的指标也是全国的 2 倍以上，其中山东（2546.81 万元/km^2）、河南（1382.78 万元/km^2）、河北（1086.53 万元/km^2）、安徽（884.71 万元/km^2）；再从每平方公里的民用汽车拥有量来看，这 4 个省份也处于全国前 50%，其中山东（45.9 辆/km^2），河北（26.26 辆/km^2），河南（23.94 辆/km^2），安徽（15.02 辆/km^2）。每平方公里的煤炭消耗量也是全国均值（约 455t/km^2）的 2 倍以上，其中山东（约 2427t/km^2）、河南（约 1559t/km^2）、河北（约 1463t/km^2）、安徽（约 957t/km^2）。第三，与这些省份相对应的是，2010 年，$PM_{2.5}$ 低值集聚的吉林省，其人均密度为 147 人/km^2，GDP 密度为 462.52 万元/km^2，汽车拥有量为 8.16 辆/km^2，煤炭消耗量密度为 0.0511 万 t/km^2，均在全国平均值左右，还不到安徽省的一半。第四，中国的雾霾在东、中部集聚，与这些省份相似的产业结构有很大的关系[20]。

由于短期内难以获取以创新驱动为主要特征的清洁型高端优质产业,这些省份只能以"三高"(高污染、高排放、高消耗)为特征的制造业为主要产业。而投资者在资源、人口、交通等均较为便利的东、中部省份中"择优生存",地方政府为获取投资,显性或隐性地放松对环境的管制,进一步加剧了雾霾在东、中部省份的集聚。

表 2-3　各省份的相关社会经济指标

省份	人口密度/(人/km^2)	GDP 密度/(元/km^2)	煤炭消耗量密度/(t/km^2)	民用汽车拥有量密度/(辆/km^2)
上海	3656	27247.59	9266.6484	276.8143
北京	1168	8400.94	1567.4969	267.5642
天津	1150	8163.24	4251.9179	139.9735
江苏	767	4037.58	2251.5091	53.6844
浙江	534	2717.87	1367.6333	53.1418
广东	580	2556.28	887.9789	43.4590
山东	623	2546.81	2427.0409	45.8964
河南	563	1382.78	1559.8804	23.9361
辽宁	230	1265.06	1158.9054	20.3097
福建	304	1214.93	579.2448	16.2472
河北	383	1086.53	1463.2242	26.2588
重庆	351	963.01	777.2664	13.8879
安徽	426	884.71	957.4590	15.0189
湖北	308	858.94	724.5983	11.1616
湖南	310	757.22	534.6235	9.9649
海南	256	607.21	190.3529	11.5425
山西	229	588.61	1910.7550	15.8599
江西	267	565.94	374.0263	8.2291
陕西	182	492.39	566.0764	9.2722
吉林	147	462.52	511.3479	8.1584
广西	195	405.51	263.0008	6.4434
四川	167	356.99	239.3103	7.3737
贵州	198	261.49	619.7782	6.5774
宁夏	95	254.47	868.2110	6.2533
黑龙江	84	227.98	268.6705	4.2829

续表

省份	人口密度/(人/km²)	GDP 密度/(元/km²)	煤炭消耗量密度/(t/km²)	民用汽车拥有量密度/(辆/km²)
云南	120	188.47	243.9185	6.1025
内蒙古	21	98.66	228.2674	1.5875
甘肃	56	90.69	118.6085	1.8715
新疆	17	32.76	48.8334	0.7659
青海	8	18.7	17.5921	0.4290

注：（1）表中省份未包含西藏、香港、澳门和台湾；（2）人口数、GDP 来自《中国统计年鉴》（2011），煤炭消耗量来自《中国能源统计年鉴》（2011），民用汽车拥有量来自《中国汽车统计年鉴》（2011）。

2.2　雾霾污染的空间影响因素分析

为进一步研究雾霾形成的因素及其影响程度，这里根据分析，选择与雾霾形成密切相关的变量，对各变量与雾霾 PM$_{2.5}$ 值之间的相关关系做实证分析。

2.2.1　数据来源及说明

由于数据关系，本书将重庆与四川合并，不考虑港澳台和西藏地区，对余下的 29 个省份 2001～2010 年的数据做计量分析。由于 PM$_{2.5}$ 的主要来源为工业废气、生活废气、汽车尾气和燃煤尘等，而部分数据难以获取（如汽车拥有量，只能查到 2005 年以来的民用汽车拥有量，查不到公用汽车拥有量，且中国民众在 2005 年以来才较普遍地拥有汽车，数据序列较短，不具有代表性），因此，未选择全部变量。这里用各省份的人口数、GDP 值、煤炭消耗量和工业废气排放量分别作为 PM$_{2.5}$ 的来源变量。其中，PM$_{2.5}$ 数据来源与前一节相同，人口数、GDP 和工业废气排放量来自历年的《中国统计年鉴》，煤炭消耗量来自于历年的《中国能源统计年鉴》。为消除变量的异方差，这里将所有的自变量与因变量都取对数值，空间面板数据的回归采用编程计算。

另外，各省的 GDP 值，以 2000 年为基准年，按通货膨胀率进行平减，以亿元为单位；人口数以万人为单位；各省的工业废气排放总量的单位为亿标准立方米；煤炭消耗量的单位为万吨标准煤。

2.2.2　模型设定

考虑各省份历年的人口数、GDP、工业废气排放量和煤炭消耗量 4 个变量可能存在多重共线性，出现信息冗余，而空间面板数据的多指标间的多重共线性尚没有很好的解决方法[21]，这里分别将以上变量与 PM$_{2.5}$ 值做回归，以寻找变量之间的相互关系。

（1）空间面板数据模型。基本表达式为：

$$\ln \mathrm{PM}_{2.5it} = \alpha_0 + \alpha_1 \ln X_{it} + \mu_{it} \tag{2-4}$$

其中，i 表示省份；t 表示年份；$\ln \mathrm{PM}_{2.5it}$ 表示 2001～2010 年，各省份的 PM$_{2.5}$ 值，$\ln X_{it}$ 分别表示 $\ln \mathrm{POP}_{it}$、$\ln \mathrm{GDP}_{it}$、$\ln \mathrm{GWS}_{it}$ 和 $\ln \mathrm{COAC}_{it}$，即 2001～2010 年，各省份人口数、GDP、煤炭消耗量和工业废气排放量的对数值；α_0 表示截距项；α_1 表示自变量的系数；μ_{it} 表示随机误差项，该项可以分解为：

$$\mu_{it} = \delta_{it} + \vartheta_{it} + \varepsilon_{it} \tag{2-5}$$

式中，δ_{it} 和 ϑ_{it} 分别表示时间效应和个体效应随机扰动项；而 ε_{it} 表示随机误差项。在进行参数估计时，可采用最小二乘法。

（2）空间滞后面板数据模型。引入空间变量后，空间误差模型假定随机误差项 ε_{it} 服从正态分布，可以将（2-4）式改为空间滞后面板数据模型：

$$\ln \mathrm{PM}_{2.5it} = \alpha_0 + \alpha_1 \ln X_{it} + \rho \sum W \ln \mathrm{PM}_{2.5it} + \delta_{it} + \vartheta_{it} + \varepsilon_{it}$$
$$\varepsilon_{it} \sim N(0, \sigma_{it}^2) \tag{2-6}$$

式中，W 为（2-2）式中的空间权重向量矩阵，$\sum W \ln \mathrm{PM}_{2.5it}$ 表示 t 年份 i 省周围地区的 PM$_{2.5}$ 的整体状况；ρ 为空间溢出效应的程度，表示 t 年份 i 省周围地区的 PM$_{2.5}$ 状况对 i 省 PM$_{2.5}$ 的相关系数；σ_{it}^2 表示 ε_{it} 的方差。其他符号的含义同前。

（3）空间误差面板数据模型。如果扰动项在空间上显示出相关性，ε_{it} 不一定简单地服从正态分布，可以将式（2-6）改写为空间误差面板数据模型。

$$\ln \mathrm{PM}_{2.5it} = \alpha_0 + \alpha_1 \ln X_{it} + \delta_{it} + \vartheta_{it} + \varepsilon_{it}$$
$$\varepsilon_{it} = \lambda \sum W \varepsilon_{it} + \varphi_{it} \tag{2-7}$$
$$\varphi_{it} \sim N(0, \sigma_{it}^2)$$

式中，φ_{it} 为 ε_{it} 的随机误差项，服从正态分布；λ 为 ε_{it} 空间自相关的系数，其他符号的含义同前。对式（2-6）、（2-7）进行估计时，可采用广义矩或极大似然法[22]。

2.2.3　实证分析结果

根据前述，为分析各自变量对 PM$_{2.5}$ 值的影响及程度，选择了 2001～2010 年全国的 29 个省份（除港澳台、西藏之外，重庆纳入四川）的 5 个变量建立空间面板回归模型。其中，因变量为 $\ln \mathrm{PM}_{2.5it}$，自变量依次为 $\ln \mathrm{POP}_{it}$、$\ln \mathrm{GDP}_{it}$、$\ln \mathrm{GWS}_{it}$ 和 $\ln \mathrm{COAC}_{it}$，根据式（2-4）、式（2-6）和式（2-7），采用极大似然估计方法，计算得到的结果如下表 2-4 所示。

表 2-4　空间面板数据回归结果（29 个省份的数据）

自变量及模型 参数	$\ln POP_{it}$ 空间滞后 （随机效应）	$\ln GDP_{it}$ 空间滞后 （随机效应）	$\ln GWS_{it}$ 空间滞后 （固定效应）	$\ln COAC_{it}$ 空间误差 （随机效应）
α_0	−0.168 (0.636)	1.81*** (0.001)	0.79*** (0.000)	2.84*** (0.000)
α_1	0.11** (0.014)	0.16** (0.025)	−0.003 (0.800)	0.03* (0.083)
ρ	0.77*** (0.000)		0.76*** (0.000)	
λ		0.77*** (0.000)		0.78*** (0.000)
R^2	0.99	0.99	0.99	0.99
最大似然估计	313.85	278.49	293.10	277.62
随机/固定效应选择 Hausman 检验	17.65*** (0.000)	−0.958 (0.619)	−6.702** (0.035)	4.66* (0.098)
LR 检验	684.95*** (0.000)	638.48*** (0.000)	791.35*** (0.000)	624.77*** (0.000)

*、**和***分别表示在 10%、5%和 1%的水平显著。

注：括号内是伴随 P 值。

　　表 2-4 中，在设定 Hausman 检验的选择随机效应或固定效应的阈值时，设定 $P > 0.1$ 时，选择随机效应模型。人口、GDP 和煤炭消耗量的 Hausman 检验值都表明，应选择随机效应模型；工业废气排放量的 Hausman 检验值表明，应选择固定效应模型，但拟合情况表明，随机效应模型的 R^2 值更大，方程的参数更显著，综合权衡，最终选择随机效应模型。

　　从表 2-4 中可见，ρ 和 λ 都为正值，表明 $PM_{2.5}$ 存在着空间溢出效应。在人口和工业废气排放量中，ρ 值分别为 0.77 和 0.76，表明周围地区的 $PM_{2.5}$ 每增加 1%，就会引起本地区的 $PM_{2.5}$ 增加 0.76%～0.77%；在 GDP 和煤炭消耗量中，λ 分别为 0.77 和 0.78，说明周围地区的 $PM_{2.5}$ 的残差项对本地区的 $PM_{2.5}$ 的残差项有显著的影响。这里的残差项指的是除自变量中的决定因变量变化的因素，即每个自变量之外的变量，如人口数之外的诸多因素，GDP 之外的因素等，这进一步说明各地区的人口数、GDP、煤炭消耗量、废气排放等决定 $PM_{2.5}$ 值的因素在空间上相互关联，存在着空间溢出效应。

　　从表 2-4 可见，人口数、GDP 和废气的对数值每增加 1%，$PM_{2.5}$ 的对数值分别增加 0.11%、0.16%、0.03%。其中，对 $PM_{2.5}$ 影响最大的因素是 GDP，说明一个地区 GDP 值越高、GDP 增长越快，该地区的 $PM_{2.5}$ 值也越高、增长越快。其次是人口数，再次是废气排放量。但煤炭消耗量对 $PM_{2.5}$ 的影响并不显著，且系数为负值。这里蕴含着两层含义。一来，影响 $PM_{2.5}$ 值大小的因素仍然是总量而非经济结构因素。如 GDP、人口等代表总量因素的指标的系数值较大且显著，而代表结构性因素的指标如废气排放量的系数较小，煤炭消耗量的系数不显著，说明目前全社会的 GDP 组成结构、生产方式、人们的消费和生活方式等需要从整体上进行调整，系统设计、联防联控，真正实现经济增长方式的转变。再者，由于空间溢出效应的存在，$PM_{2.5}$ 的直接来源因素的"作用"变小。由于周围地区 $PM_{2.5}$ 对本地区 $PM_{2.5}$ 的空间溢出影响，代表 $PM_{2.5}$ 的重要来源的指标——煤炭消耗量在方程中并不显著；由于各地区的社会、经济、技术等误差要素的空间溢出影响，导致代表 $PM_{2.5}$ 的另一个重要来源的指标——废气排放量的系数偏小。

由于 GDP 对 $PM_{2.5}$ 的影响最大，这里采用库兹涅茨曲线进一步研究 GDP 与 $PM_{2.5}$ 之间的关系。步骤和检验同前述。方程与式（2-4）、式（2-6）、式（2-7）一致，但自变量改为 $\ln GDP_{it}$ 和 $\ln GDP_{it}^2$，参数检验表明，应采用固定效应的空间滞后面板数据模型，结果如下：

$$\ln PM_{2.5it} = -0.492\ln GDP_{it} + 0.032\ln GDP_{it}^2 + 0.8\sum W\ln PM_{2.5} \qquad (2-8)$$
$$(0.038) \qquad\qquad (0.031) \qquad\quad (0.000)$$

括号内值为参数的伴随概率；$R^2 = 0.992$；最大似然数为 413.491；LR 检验值为 896.695（P 值为 0）。

可见，$\ln PM_{2.5it}$ 值与 $\ln GDP$ 之间的关系为一元二次方程，且呈现正"U"型。周围地区的 $PM_{2.5}$ 对本地区的 $PM_{2.5}$ 的值有显著影响，系数为 0.8，表明周围地区的 $PM_{2.5}$ 的对数值每增加 1%，本地区的 $PM_{2.5}$ 对数值也相应增加 0.8%。从图 2-3 中可以看出，当 GDP 的对数值为 7.6875（GDP 值为 2180.915 万元）时，$PM_{2.5}$ 值达到最低点。图 2-3 中粗体部分表示的是 2001~2010 年，各地区的 $\ln PM_{2.5it}$ 值与 $\ln GDP$ 值的曲线段。可见，随着各地区 GDP 值持续增加，$PM_{2.5}$ 值也将快速

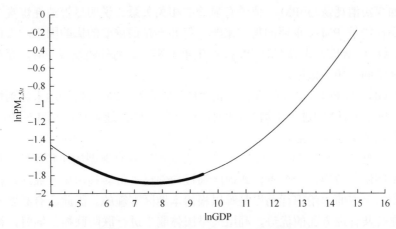

图 2-3 $\ln PM_{2.5it}$ 与 $\ln GDP$ 之间的曲线关系

注：粗线部分是 2001~2010 年间的 $\ln PM_{2.5it}$ 值

上升，所谓的拐点远未出现。因此，如果不从根本上改变现有的经济增长方式，不采取有效措施控制环境污染，$PM_{2.5}$ 快速增长的势头很难得到有效遏制。实际上，2011～2013 年，中国各地持续大面积爆发以 $PM_{2.5}$ 等为代表的雾霾污染[23~24]，而我国的华北和中东部地区尤为严重，进一步验证了章节的结论。

2.3　主要结论及对策

2.3.1　主要结论

本章采用 2001～2010 年，全国各省份的 $PM_{2.5}$ 值，以及代表 $PM_{2.5}$ 来源的变量：人口数、GDP 值、煤炭消耗量和工业废气排放量等，首先做了全局和局部的空间相关分析，然后建立了空间面板数据模型。

（1）中国的雾霾污染严重，各年的 $PM_{2.5}$ 值为 WHO 规定的空气质量标准的 2～3 倍。污染呈现块状分布，集中在中国的东中部地区，覆盖了中国的 17 个省份，约占中国人口数和 GDP 值的 75%。

（2）中国 $PM_{2.5}$ 存在着显著的空间相关性。$PM_{2.5}$ 值较大的省份"成团"集聚，污染"扎堆"。如山东、河南、安徽、河北等省份。从人口密度、GDP 密度、煤炭消耗密度和民用汽车拥有量等指标来看，这些省份指标均较高，位居全国前列。$PM_{2.5}$ 值较小的省份亦集聚"成团"。而这些省份的指标值普遍较小。

（3）对 $PM_{2.5}$ 值最大的是总量性指标，而不是结构性指标。总量性指标如 GDP、人口数和废气排放总量对 $PM_{2.5}$ 值有显著影响。其中，GDP、人口数和废气排放总量的对数值每增加 1%，$PM_{2.5}$ 值分别增加 0.16%、0.11% 和 0.03%。结构性指标的代表如煤炭消耗量与 $PM_{2.5}$ 值没有显著的相关关系。说明尽管消耗煤炭过程中排放的颗粒物是 $PM_{2.5}$ 重要的物理来源，但并不是最重要的影响因素。人们的生活方式、GDP 增长方式等都对 $PM_{2.5}$ 产生重要影响。另外还发现 $PM_{2.5}$ 存在着空间滞后和空间自相关效应。

（4）GDP 与 $PM_{2.5}$ 值之间存在着正"U"型关系。$PM_{2.5}$ 值还远未达到增长的转折点。随着 GDP 的进一步增长，$PM_{2.5}$ 值还将继续快速增加，2011～2013 年以来的观察也证实了这一点。

以上可见，中国以 $PM_{2.5}$、PM_{10} 等为代表的雾霾具有典型的块状特征，且具有显著的空间溢出效应，一个省份或地区通过向邻近省份转移污染产业或严格实行环境管制的单方面"治霾行动"是难以根治本地区雾霾的。因此，有必要发挥中国政府在公共管理方面的优势，利用"举国体制"进行联防联控；同时，征收相关税费，利用法律和经济手段进行环境管制；最后，加大舆论宣传，鼓励绿色生活模式，全民参与雾霾治理。

2.3.2　对策分析

（1）政府管制。雾霾已经是一个全国性、长期性的环境灾害。钟南山提到，雾霾治理必须采取"举国体制"，是非常有道理的[25]。由于雾霾的来源复杂、涉及的主体非常多，若要在短期内治理奏效，利用"举国体制"进行政府管制是可行途径。在管制的体制设计上，应成立国务院牵头、各省级政府参与的雾霾综合治理小组。在污染集中、较严重的区域设立短期的应急指挥或管理中心，在社区实行"网格化"管理[26]。区域应急指挥中心要开展常规化密集的污染源排查，在特殊时期实施最严格的应急措施，确保重大任务和敏感时期的环境安全，应急指挥中心在特殊或紧急情况下可跨部门、跨区域协调或处理问题，确保治理的效果。在社区，应明确雾霾责任人的权责、划清范围，包干到人。在管制的对象上，应有轻重缓急。各地政府组织对境内主要排放源进行分析排序，编制排放清单和工作进度表，有的放矢、明确重点。对重点区域（交通路段、人群密集场所等）、重点时段（如冬季、秸秆焚烧期等）和重点排放源（如废气、尾气和扬尘等）实施重点监控、力求实效。

但是，雾霾的治理具有持久性和反复性。如美国洛杉矶"毒雾"事件的治理期长达 60 年。英国"伦敦烟雾事件"的治理也长达 50 余年。纵观发达国家的空气污染治理历史，共同特征是多管齐下、综合施治，既强调行政手段，但更重视经济和市场手段。行政手段用于治标，经济手段用于治本。而在众多的经济手段中，环境税发挥了重要作用。因此，我国要实现雾霾的长期治理，必须将重心转移到经济、市场和法律手段上。

（2）贯彻落实环保税。雾霾是典型的"公地悲剧"式的环境污染，而大气污染税的主要作用在于消除"负外部性"，迫使排污主体将本应内化的生态环境成本纳入产品成本核算体系，使产品成本能真实地反映资源环境的代价，私人成本基本等同于社会成本，避免"公地悲剧"的产生。马歇尔较早就提出向企业征收"新鲜空气税"，庇古提出"庇古税"，向污染者收取税款用与恢复和保护环境，即奉行"谁污染，谁负责"的原则。

目前的大气污染税主要有 SO_2 税和 CO_2 税两种。美国在 1972 年就率先开征了 SO_2 税，美国税法规定，SO_2 浓度达到一级和二级标准的地区，每排放 1 磅硫分别纳税 15 美分和 10 美分，以促使生产者安装污染控制设备，同时转向使用含硫量低的燃料。另外瑞典、荷兰、挪威、日本、德国等也开征了 SO_2 税。开征 CO_2 税的国家主要有芬兰、瑞典、挪威和丹麦等。在我国，尽管在 1982 年就提出了"排污费"的概念，但费用征收的标准和对象比较模糊，权限集中于地方政府部门，且费用多用于地方政府部门的行政事业开支，缺乏相应的监督和绩效考核，有的地方这些费用甚至成了某些领导手中腐败的特权。如今雾霾持续肆虐，若要实现长期治理，开征大气污染税是可行的途径。

实际上，十八届三中全会《决定》就明确指出"推动环境保护费改税"。国务院《大气污染防治行动计划》第六条"发挥市场机制作用，完善环境经济政策"中的第十九条也提出"要发挥市场机制调节作用"，第二十条提出要"完善价格税收政策"等。这些都为推行大气污染税提供了制度保障。2018年1月1日起，我国已经开始实行征收环境保护税。自2018年1月1日起施行的《环境保护税法》明确规定，在中华人民共和国领域和中华人民共和国管辖的其他海域，直接向环境排放应税污染物的企业事业单位和其他生产经营者为环境保护税的纳税人，大气污染物、水污染物、固体废物和噪声为应税污染物。在税收征管方面，排污费改环境保护税后，征收部门由环保部门改为税务机关，环保部门配合，实行"企业申报、税务征收、环保监测、信息共享"的税收征管模式。可见，税务和环保两部门能否做好信息交接、数据共享、联合协作和流程衔接等工作，将直接关系今后环境保护税征管工作的顺利开展。

（3）法律措施。采取法律措施治理雾霾有两层含义。一是针对雾霾问题，任何受灾者可以依据相关法规对排污的企业或个人提出诉讼，要求赔偿或停止污染。但是，由于雾霾的来源非常复杂，所有人都是受害者，但几乎所有人都是制灾者。这种方式显然没有实际意义。二是从政府作为民众意愿的代理人，出台更完善的法律法规，严格执行相关的规章制度，为雾霾的长期治理提供法律保障。国务院《大气污染防治行动计划》第二十二条明确提出，要"研究起草环境税法草案，加快修改环境保护法，尽快出台机动车污染防治条例和排污许可证管理条例"。同时指出要"加大环保执法力度"等，强调了法律措施在雾霾的长期治理中的重要作用。

可以考虑尽快出台《清洁空气法》。"伦敦烟雾事件"直接推动英国于1952年出台《清洁空气法案》，美国也于1970年通过了《清洁空气法》，这些法律为英、美等发达国家更严格地加强环境管理、治理雾霾提供了依据和准绳。目前大范围的持续性的雾霾事件是推动我国《清洁空气法》立法的有利契机。环保等有关部门应加快研究，尽快推出具有我国国情的《清洁空气法》。通过立法，明确全国各级政府、企业、个人等在空气治污中的责任，实现雾霾的长期有效治理。

（4）民众参与。随着社会民主程度的加强和信息化的普及，民众将日益成为治理雾霾的重要力量。民众是雾霾最直接的受害者，是空气质量改善的直接受益者、污染治理的最终评判者，同时也是雾霾的重要制造者。要实现雾霾的长期治理，必须要充分发挥民众的知情权、参与权和积极性。一方面，应加大宣传和引导，提倡市民绿色出行，尽量选择公共交通，减少排放；由环保部门统一发布空气质量信息预报，注意预报用语的通俗性，预报的准确性和及时性，客观反映空气质量的变化趋势，缓解公众不必要的紧张情绪；根据污染天气预警等级，引导公众做好防范工作，如提醒老弱病残孕留在室内，减少户外出行，减少在室外暴露的机会，降低民众的健康受损害的风险。另一方面，更大力度地鼓励公众参与污染治理，可参考街道和社区治安联防的做法，设置环境污染协管员或联防队员岗位，协助政府环保部门做好监督和检查工作，政府负责发放一定的津贴；建立污染举报制度，鼓励民众通过电话、邮件等方式，举报环境违法行为。此外，可进一步加强跨国界、跨区域、跨部门的学习交流，借鉴优秀的管理经验，共同探索新的治理模式和办法。只有构建"政府主导、部门联动、社会参与"的防灾减灾机制，充分发挥民众的作用，才能实现雾霾的长期治理、最终提高社会的整体福利。

参 考 文 献

[1]　张小曳, 孙俊英, 王亚强, 等. 我国雾霾成因及其治理的思考[J]. 科学通报, 2013, 58（3）: 1178-1187.

[2]　Bates D V, Sizto R. Air pollution and hospital admissions in Southern Ontario: The acid summer haze effect[J]. Environmental Research, 1987, 43（2）: 317-331.

[3]　Thurston G D, Itok, Hayes C G, et al. Respiratory hospital admissions and summertime haze air pollution in Toronto, Ontario: consideration of the role of acid aerosols[J]. Environmental Research, 1994, 65（2）: 271-290.

[4]　Tran B N, Ferris J P, Chera J J. The photochemical formation of titan haze analog. Structural analysis by x-ray photoelectron and infrared spectroscopy[J]. Icarus, 2003, 162（1）: 114-124.

[5]　Hussain S Q, Ahn S H, Park H, et al. Light trapping scheme of ICP-RIE glass texturing by SF6/Ar plasma for high haze ratio[J]. Vacuum, 2013（94）: 87-91.

[6]　汤莉莉, 张运江, 孙业乐等. 南京持续雾霾天气中亚微米细颗粒物化学组分及光学性质[J]. 科学通报, 2014, 59（20）: 1955-1966.

[7]　Tai A P K, Mickley L J, Jacob D J. Correlations between fine particulate matter（$PM_{2.5}$）and meteorological variables in the United States: Implications for the sensitivity of $PM_{2.5}$ to climate change[J]. Atmospheric Environment, 2010, 44（32）: 3976-3984.

[8]　杨军, 牛忠清, 石春娥等. 南京冬季雾霾过程中气溶胶粒子的微物理特征[J]. 环境科学, 2010, 31（7）: 1425-1431.

[9]　赵秀娟, 蒲维维, 孟伟, 等. 北京地区秋季雾霾天 $PM_{2.5}$ 污染与气溶胶光学特征分析[J]. 环境科学, 2013, 34（2）: 416-423.

[10]　谢元博, 陈娟, 李巍. 雾霾重污染期间北京居民对高浓度 $PM_{2.5}$ 持续暴露的健康风险及其损害价值评估[J]. 环境科学, 2014, 35（1）: 1-8.

[11]　Dong L, Liang H. Spatial analysis on China's regional air pollutions and CO_2 emissions: emission pattern and regional disparity[J]. Atmospheric Environment, 2014,（92）: 280-291.

[12]　Abas M R B, Rahman N A, Omar N Y M J, et al. Organic composition of aerosol particulate matter during a haze episode in Kuala Lumpur, Malaysia[J]. Atmospheric Environment, 2004, 38（25）: 4223-4241.

[13]　Hosseini H M, Kaneko S. Can environmental quality spread through institutions[J]. Energy Policy, 2013,（56）: 312-321.

[14]　van Donkelaar A, Martin R V, Brauer M, et al. Global estimates of ambient fine particulate matter concentrations from satellite-based aerosol optical depth: development and application[J]. Environmental Health Perspectives, 2010, 118（6）: 847-855.

[15]　Han L，Zhou W，Li W，et al. Impact of urbanization level on urban air quality：a case of fine particles（$PM_{2.5}$）in Chinese cities[J]. Environmental Pollution，2014，194（2014）：163-170.

[16]　Tobler W R. A computer movie simulating urban growth in the Detroit region[J]. Economic Geography，1970，46（2）：234-240.

[17]　Moran P A P. Notes on continuous stochastic phenomena[J]. Biometrika，1950，（37）：17-23.

[18]　Anselin L. Local indicators of spatial association-LISA[J]. Geographical Analysis，1995，27（2）：93-115.

[19]　张人禾，李强，张若楠. 2013 年 1 月中国东部持续性强雾霾天气产生的气象条件分析[J]. 中国科学：地球科学，2014，44（1）：27-36.

[20]　马丽梅，张晓. 中国雾霾污染的空间效应及经济、能源结构影响[J]. 中国工业经济，2014（4）：19-31.

[21]　勒沙杰，佩斯. 空间计量经济学导论[M]. 肖光恩，等译. 北京：北京大学出版社，2014 年 1 月.

[22]　Anselin L，Geits A. Spatial atatistical analysis and geographic information system[J]. The Annals of Regional Science，1992（26）：19-33.

[23]　陈耀，陈钰. 我国工业布局调整与产业转移分析[J]. 当代经济管理，2011，33（10）：38-47.

[24]　朱允未. 东部地区产业向中西部转移的理论与实证研究[D]. 杭州：浙江大学博士学位论文，2013.

[25]　张伟，钟南山. 治理雾霾应该动用"举国体制"[N]. 中国高新技术产业导报，2014 年 3 月 10 日（4）.

[26]　佘廉，曹兴信. 我国灾害应急能力建设的基本思考[J]. 管理世界，2012，（7）：176-177.

第3章 雾霾污染对企业盈余管理的影响

近年来中国的雾霾天气数明显增加，严重影响社会的可持续发展，引发公众的广泛关注。重污染企业也因此面临较大的社会压力。在这种背景下，重污染企业是否有向下做盈余管理的动机和现象？若有，在何种状态下进行向下的盈余管理？开展多大幅度的盈余管理？这类研究比较少见。本章采集了 19 个省 2008～2012 年的空气污染指数数据、重污染企业的相关财务数据，利用 Jones 模型，采用多断点回归方法检验空气污染对地方重污染企业盈余管理的影响，分析了2008～2012 年重污染企业的盈余管理行为。结果发现：①2008～2009 年，企业在断点 API = 100 处和 API = 200 处有向下做盈余管理的现象，但在断点 API = 300 处有向上做盈余管理的现象；②2010～2012 年、2008～2012 年的整体数据来看，企业在断点 API = 100、200、300 处都有向下做盈余管理的现象。最后，对实证结果进行了讨论，并提出了相应的对策建议。

3.1 问 题 提 出

严重的空气污染不仅影响人们的身心健康，还给社会的可持续发展带来严峻挑战，引发了社会公众的广泛恐慌。自 20 世纪 60 年代以来，发达国家就曾多次发生过因企业污染而引发的"民众抗污运动"。如 1970 年，美国曾爆发一次规模空前的群众性环境保护运动[1]；1965 年，在日本发生的"水俣病"也引发了日本民众对工业企业污染行为的声讨[2]。可以说公众对污染企业的指责由来已久。2016 年 5 月 27 日世界卫生组织最新报告《空气污染每年致全球 800 万人死亡》①指出，室内空气污染每年导致全球 430 万人死亡，室外空气污染每年导致370 万人死亡。该报告引起社会各界对空气污染的强烈关注。

中国改革开放以来，伴随着经济高速增长，空气污染现象也日益突出。尤其是近年来雾霾等恶劣天气频发，使得人们纷纷把目光投向雾霾的源头——重污染企业，并试图采取有效措施进行治理。"北京的 $PM_{2.5}$ 中，仅有一小部分来自于北京当地，大部分污染源自遥远的工业区"[3]，研究者们认为重工业企业是环境污

---

① 世界卫生组织. 空气污染每年致全球 800 万人死亡[EB/OL]. http://news.sina.com.cn/green/roll/2016-05-29/doc-ifxsqxxu4608535.shtml.

染的直接源头。2011 年的"PM$_{2.5}$ 爆表事件"发生后，政府也出台了一系列针对重污染企业的管控政策，如环保部颁发《关于执行大气污染物特别排放限值的公告》（2013）、《火电厂大气污染排放标准》（2014）、《大气污染防治法》（2015）等一系列法规制度，表明了政府部门治理空气污染的决心[4]。社会公众也通过各种途径表达了对环境污染的担忧[5]。民众纷纷通过微博、论坛和微信群转发对 PM$_{2.5}$ 污染的不满[6]。这些充分说明空气污染已经成为公众关注的热点。在社会各界的强大压力下，被视为"众矢之的"的重污染企业理应自觉收敛其行为，进行向下的盈余管理，低调展示社会"弱势者"的身份，以博取同情、规避环境规制。那么，在我国，重污染企业是否会采取了向下的盈余管理？如果是，会在哪个污染水平采取这种行为？采取多大幅度的盈余管理？这都是中国企业需要面对的管理话题。但从研究视野范围来看，这类研究非常少见，且大多缺乏足够的实证支持。仅有的一些文献[7, 8]对比重污染企业与非重污染企业在 PM$_{2.5}$ 爆表事件前后所采取的盈余管理行为，研究发现 PM$_{2.5}$ 爆表之前重污染企业与非重污染企业在盈余管理上没有显著差异。但 PM$_{2.5}$ 事件之后，重污染企业进行了显著向下的盈余管理。那么，除了 PM$_{2.5}$ 爆表这一事件点（断点）之外，是否还有引发重污染企业向下进行盈余管理的其他断点呢？为此，本书将地方重污染企业作为样本，利用断点回归法，采用两种 Jones 模型检验空气污染程度与重污染企业盈余管理是否存在内在的联系，试图找到相应的实证证据。

　　与其他类似研究相比，本书具有以下特点：①采用断点回归法研究企业的盈余管理行为。而其他研究主要采用因子分析、回归分析和双重差分法等研究企业的盈余管理行为[7, 9, 10]，但目前采用断点回归法的还较为少见，仅有席鹏个别类似研究[11]。本书借鉴了该方法，且样本量更大。②样本的选择方面。国内文献大多侧重于选择某一典型行业或某一典型地区的重污染企业数据，如选择沪深两地所有钢铁企业等[12]。本书借鉴前人研究[7, 11]，选取了 19 个省在 A 股上市的六大典型行业的重污染企业样本，数据量更大。③通过考察不同时间段重污染企业的盈余管理行为发现，重污染企业在盈余管理上有较大的差异，最后分析了现象背后的原因。

　　本章还包括国内外研究进展，数据说明和实证分析，最后是结论和政策建议。

3.2　　国内外研究进展

　　主要涉及盈余管理、Jones 模型和断点回归法，下面对这三方面文献进行论述。

　　（1）企业为何要做盈余管理？首先，什么是"盈余管理"？盈余管理是在 GAAP（generally accepted accounting principles）允许的范围内，通过对会计政策的选择，使经营者自身利益或企业市场价值达到最大的行为[13]。盈余管理是企业管理人员有目的地控制对外财务报告，以获取某些私人利益的"披露管理"[14]。以上两种解释是目前国际上较为权威的定义。我国学者也对盈余管理及其基本特征做了一些解释[15, 16]。其次，企业进行盈余管理的动机是什么？主要有 IPO 动机[17, 18]、配股动机[19, 20]、避免被 ST 及终止上市动机[21]、避税动机[22, 23]、政治动机[25]等。在面临严重的环境污染时，重污染企业为避免"树大招风"，减少政府和社会的关注度，往往有操纵盈余管理的动机[25]。污染企业通过盈余管理，可以减少公众的压力，避免由于政府管制导致企业的盈利能力降低[26]；通过盈余管理，企业向社会展示"薄利经营"和"生存艰难"的形象，可以博得政府和社会的同情，有的甚至还可以拿到政府的补贴[27]。综上，本书认为，与避税动机[28]和政治动机[29, 30]类似，重污染企业之所以进行盈余管理，主要在于逃避公众舆论的谴责和规避税收等环境限制。

（2）如何选择盈余管理的计量方法？国内外学者大多选择了修正 Jones 模型。尤其在中国资本市场，我国学者比较青睐修正 Jones 模型。如运用修正的 Jones 模型[31]，研究了我国上市公司在金融危机时盈余管理的变化幅度。采用修正 Jones 模型对 IPO 盈余管理程度及 VC 持股的影响进行检验等[32]。为什么选取该计量模型，基本 Jones 模型、业绩匹配 Jones 模型和非线性 Jones 模型出现第一类错误的频率较高，容易夸大盈余管理[33]。运用统计模拟方法，比较发现，在中国证券市场上，修正 Jones 模型在模型的设定和盈余管理的检验方面表现更佳[34]。基于以上考虑，本书的实证也涉及分年度和分行业数据的回归，因此也采用了修正 Jones 模型进行实证分析。

（3）断点回归法。1960 年，Thistlewaite 和 Campbell 首次发表了有关断点回归的论文[35]。应用断点回归法的文献非常多，领域也较广。如研究中国使用暖气政策对地方环境污染的影响[36]，将淮河的南北地理分割线作为断点，发现淮河以北地区空气中颗粒密度高于淮河以南。其他的研究包括关于班级规模界限对教学质量的影响[37]、关于历史制度对区域经济的影响[38]、民主党众议员对美国国会选区联邦支出的影响等等[39]。有研究认为断点回归是仅次于随机实验，能够有效利用现实约束条件分析变量之间因果关系的方法[40]。断点回归能够避免参数估计的内生性问题，真实反映变量之间的因果关系，因而得到了广泛采用[41]。由于本书研究的是当 API 指数达到某一个临界值时，企业是否会采取相应的盈余管理行为，是典型的断点回归问题，因此在此也采用了该方法。

3.3　模型、指标及数据说明

3.3.1　模型、变量的设定

1）盈余质量模型

基本 Jones 模型如下：

$$NDA_{it} / A_{it-1} = \alpha_1(1 / A_{it-1}) + \alpha_2(\Delta REV_{it} / A_{it-1}) + \alpha_3(PPE_{it} - A_{it-1}) \qquad (3\text{-}1)$$

其中，NDA_{it} / A_{it-1} 是公司 i 经过 $t-1$ 期期末总资产调整后的非可控应计利润；A_{it-1} 是公司 i 在 $t-1$ 期期末的总资产；ΔREV_{it} 是公司 i 在 t 期与 $t-1$ 期的主营业务收入差距；PPE_{it} 是公司 i 在第 t 期期末的固定价值；α_1、α_2、α_3 是行业特征参数，这些参数可以通过（3-2）式回归得到。

$$TA_{it} / A_{it-1} = \alpha_1(1 / A_{it-1}) + \alpha_2(\Delta REV_{it} / A_{it-1}) + \alpha_3(PPE_{it} / A_{it-1}) + \varepsilon_{it} \qquad (3\text{-}2)$$

其中，TA_{it} / A_{it-1} 是公司 i 经过 $t-1$ 期期资产调整后的总应计利润；TA_{it} 为公司 i 在当期的营业利润与其公司在当期经营活动的现金净流量之差；ε_{it} 为回归残差。对分行业分年度的数据进行 OLS 回归得到特征参数，将之代入式（3-1）中。再根据式（3-3）就可以得到盈余管理指标。

$$DA_{it} / A_{it-1} = TA_{it} / A_{it-1} - NDA_{it} / A_{it-1} \qquad (3\text{-}3)$$

借鉴思路[42]，修正 Jones 模型如下：

$$NDA_{it} / A_{it-1} = \alpha_1(1 / A_{it-1}) + \alpha_2(\Delta REV_{it} - \Delta REC_{it} / A_{it-1}) + \alpha_3(PPE_{it} / A_{it-1}) \qquad (3\text{-}4)$$

其中，ΔREC_{it} 是公司 i 第 t 期期末与上期期末的应收账款之差。同理可以得到另一个盈余管理指标。

2）变量选择与数据说明

在研究空气污染对重污染企业盈余管理的影响时，指标变量的选择非常重要，下面简要介绍。

（1）盈余管理。借鉴前人的研究，根据基本 Jones 模型以及修正 Jones 模型所选用的指标，在国泰君安数据库中查找了 Jones 模型所需的财务指标：总资产、固定资产、应收账款、主营业务收入和经营活动现金净流量等，然后分行业和分年度进行回归，得到盈余管理的质量指标。

（2）空气污染程度。API 指数是在美国污染物标准指数（PSI）评价法的基础上，将常规监测的几种空气污染物浓度简化成污染指数，以表征空气污染程度和空气质量的方法。目前政府部门定期公布各城市的 API，数据易于获取[43]，学者们也普遍采用该指标[44]。本书也采用 API 指数衡量空气污染程度。API 数据来自 2008 年 1 月 1 日至 2012 年 12 月 31 日中国环保部的重点城市空气质量日报①，该数据的统计单位为各重点城市②。

（3）断点的选择。本书的被解释变量——盈余管理是年度衡量指标，而 API 是日度数据。为统一分析，参考了多种处理方法[45-46]，选择各重点城市的年度 API 最大值。API 的最大值不仅能反映污染程度，更重要的是，相较于其他统计特征值，

---

① 网址：http://datacenter.mep.gov.cn/report/air.daily/air dairy_api.jsp.

② 2010 年及之前年份，空气质量日报只报告了 86 个地级市以上重点城市的数据；2010 年之后，报告的重点城市增加到 120 个，所以本书采集的是一个非平衡面板数据。

API 的最大值最容易被公众感知，进而可以影响重污染企业进行盈余管理的动机[11]。本书中 API 年度最大值与最小值分别为 500 与 52，通过表 3-1 提供的断点依据，该区间的断点包括了 100、200、300①，参考文献[11]方法，当 API 的年度最大值分别为 100、200、300 时，作为本书研究的各断点。

（4）控制变量。参考了以往文献[47-48]，选择了如下变量作为影响盈余管理的控制变量：公司规模（size）、杠杆率（leverage）和成长性（Tobin Q）。有的文献还选取了公司上市年龄（lnage）作为影响盈余管理的控制变量[49]。本书也曾尝试选取以上 4 个指标作为控制变量，但研究发现，公司规模（size）、成长性（Tobin Q）在断点处发生明显的跳跃（数据不连贯），如果将其加入到模型中，会影响断点回归的准确性，所以剔除这两个变量，选取杠杆率和上市年龄作为本书的控制变量。

（5）重污染企业。2013 年，环保部发布的《关于执行大气污染物特别排放限值的公告》②将 19 个省份作为重点控制区，并对重点控制区的火电、钢铁、石化、水泥、有色、化工六大行业以及燃煤锅炉项目执行大气污染物特别排放限值。因此，这 19 个省份的六大行业企业可作为重污染企业的样本源。这六大行业可以分解为 12 个重污染行业③[7]。在国泰君安数据库中，选择的时间跨度为 2007 年 12 月至 2012 年 12 月，且公司所在地为这些省份的 A 股上市公司数据④。在筛选样本数据时，借鉴文献[49]做法，保留财务状况正常（会计净资产为正，并且市场价值大于总负债）的企业，剔除了资不抵债、被 ST 和财务数据缺失的企业，最终得到 389 个企业样本。

（6）回归时期的选择。共采集了 2008～2012 年的数据。为了反映政府于 2010 年出台对重污染企业管控政策《关于推进大气污染联防联控工作改善区域空气质量的指导意见》后，企业的盈余管理行为是否发生了变化，除了分析这 5 年的数据之外，再将数据分为 2008～2009 年和 2010～2012 年两个时间段，研究这两个时间段企业在不同断点处的盈余管理行为的变化情况。

---

① 根据城市空气质量等级的划分标准，API 超过 300 时，都归为空气严重污染的范围，所以未将 API = 400 设为断点。

② 《关于执行大气污染物特别排放限值的公告》规定的重点控制区的六大行业分别为：火电、钢铁、石化、水泥、有色、化工。重点控制区涉及 19 个省（区、市）包括：北京、天津、河北、上海、江苏、浙江、广东、辽宁、山东、湖北、湖南、重庆、四川、福建、山西、陕西、甘肃、宁夏以及新疆。

③ 按照以上六大行业，并根据证监会《上市公司行业分类指引》（2012 年修订）划分标准，共得到以下 12 个细分行业：B07（石油和天然气开采业）、B08（黑色金属矿采业）、B09（有色金属矿采业）、C19（皮革、皮毛以及制品和制鞋业）、C25（石油加工、炼焦和核燃料加工）、C26（化学原料和化学制品制造业）、C28（化学纤维制造业）、C29（橡胶和塑料制品）、C30（非金属矿物制品业）、C31（黑色金属冶炼和压延加工业）、C32（有色金属冶炼和压延加工业）、D44（电力、热力生产和供应业）。

④ 初始企业样本选择年份为 2007～2012，但部分指标需要使用前一年数据，所以舍弃了 2007 年的数据。

3）实证模型

根据我国对 API 的分类标准可以设计一个多断点回归模型（表 3-1）。

表 3-1　空气污染指数及对应的空气质量级别[①]

空气污染指数	空气质量级别	空气质量状况	说明
0～50	I	优	可正常活动
51～100	II	良	可正常活动
101～200	III	普通（气度污染）	若长期接触，易感人群症状轻度加剧，健康人群出现刺激症状
201～300	IV	不佳（中度污染）	一定时期解除后，心脏病和肺病患者症状显著加剧，运动耐受力降低，健康人群中普遍出现症状
300 以上	V	差（重度污染）	健康人群出现较强烈的症状，降低运动耐受力，长期接触会提前出现某些症状

当 API 在 100、200、300[②]附近时，企业的盈余管理指标是否会发生跳跃？首先，将 API 值分别为 100、200、300 时，作为断点。可假设分布在断点周边的样本具有随机性，因此可认为这些样本其他特征是相同的，不存在显著差别，解决了实证过程中遗漏变量的问题。将超过断点的样本视为处理组，否则作为控制组。其次，在分配处理组与控制组的样本时，参考其他学者的思路[51]：对各个断点间的样本进行中间切割，取值范围在 $\left[\dfrac{A_{j-1}+A_j}{2}, A_j\right)$ 为控制组，取值范围在 $\left[A_j, \dfrac{A_j+A_{j+1}}{2}\right)$ 为处理组。再利用式（3-5）进行断点回归，设置的模型如下[50]：

$$\gamma_{it} = \alpha * D_{it} + f(a_{it} - A_j) + D_{it} * f(a_{it} - A_j) + X\beta + \delta_t + \eta_i + \xi_z + \mu_{it} \qquad (3\text{-}5)$$

其中，$a_{it} \in \left[\dfrac{A_{j-1}+A_j}{2}, \dfrac{A_j+A_{j+1}}{2}\right]$；$D_{it} = 1\{a_{it} - A_j > 0\}$；$\gamma_{it}$ 为公司 i 的盈余管理；a_{it} 为空气质量指数；A_j 表是第 j 个断点；$a_{it} - A_j$ 表示第 i 个样本到 j 的距离。所以 $D_{it} = 1\{a_{it} - A_j > 0\}$ 作为处理变量是连续函数 a_{it} 的函数，它由 a_{it} 是否超过断点决定的。当 $a_{it} - A_j > 0$ 时，即超过断点则视为 1，否则视为 0；X 为控制变量，包括杠杆率（leverage）和企业上市年限（lnage）；δ_t 为时间固定效应，不随个体变化的时间趋势；η_i 为个体固定效应，不随时间变化的个体差异；ξ_z 为断点固定效应；误差项 μ_{it} 为各行业的聚类；$f(a_{it} - A_j)$ 为执行变量 $(a_{it} - A_j)$ 的函数；$D_{it} * f(a_{it} - A_j)$ 是控制断点两侧可能存在的不同函数形式。式（3-6）表示的是断点效应。

---

① 可在"中国网-中国国情"网页（http://www.china.com.cn/guoqing/2012-04/20/content_25192905_2.htm）上搜索"城市空气质量等级"，其中有对表 1 的详细说明。
② 断点 50 不在本书研究范围，因为断点 50 不在样本选取的区间内。

$$\gamma_{it} = \sum_{J=1}^{m} a_j * D_{it} * A_j + (1+D_{it})f(a_{it} - A_j) + f(a_{it} - A_j) * A_j + X\beta + \delta_t + \eta_i + \mu_{it}$$

$$(3\text{-}6)$$

其中，a_j 表示第 j 个断点附近空气质量等级对盈余管理的影响。

3.3.2　实证结果分析

表 3-2～表 3-4 分别表示 2008～2012 年、2008～2009 年和 2010～2012 年的综合断点效应与分断点效应，反映政府在 2010 年出台对重污染企业管控政策前后，当公众逐渐加大对雾霾的关注与认识后，重污染企业的盈余管理是否会发生不同变化。

表 3-2　2008～2012 年空气污染对盈余质量管理的断点效应

API 不同等级	基准回归			基准回归		
	一阶函数	二阶函数	三阶函数	一阶函数	二阶函数	三阶函数
	基本 Jones 模型			修正 Jones 模型		
断点综合效应	0.011 (0.016)	0.007 (0.025)	−0.015 (0.034)	0.009 (0.016)	0.0003 (0.025)	−0.024 (0.034)
API = 100	0.029 (0.019)	0.033 (0.024)	0.024 (0.024)	0.034* (0.020)	0.036 (0.024)	0.027 (0.024)
API = 200	0.015 (0.015)	0.012 (0.015)	0.009 (0.015)	0.013 (0.015)	0.009 (0.015)	0.007 (0.016)
API = 300	−0.017 (0.019)	−0.0212 (0.020)	−0.0214 (0.021)	−0.019 (0.021)	−0.025 (0.021)	−0.024 (0.022)
是否包括控制变量	是	是	是	是	是	是
观测值	389	389	389	389	389	389

*代表 t 统计值在 10%置信水平上显著。

注：表格内是断点的综合效应与各断点的回归系数，括号内值为标准偏差。

表 3-2 展示的是不同年份范围、API 不同断点处，重污染企业的盈余管理行为。可以发现不同年份期限内，企业的盈余管理行为有所差异。表 3-2 中，回归的第一行表示断点的综合效应，是从总体上观测断点对盈余管理是否发生作用。一阶函数、二阶函数和三阶函数分别是 API 的 1～3 次函数形式，用于检验结果的稳健性。表 3-4 中最后 3 列是断点回归在带宽 15、20、25 处的局部线性回归。在选择带宽时，若带宽过小会造成样本损失；带宽过大，可能会存在遗漏变量问题。本书选择各断点与相邻断点的一半作为带宽，即带宽为 50。

在实证过程中，分别将带宽缩小至 15、20 和 25 进行检验，进行断点回归的稳健性检验。

从表 3-2 来看，2008～2012 年，空气污染每上升一个等级，即 API = 100、200、300 时，企业有向下做盈余管理的倾向。例如第一列，API = 100 时对应的盈余管理值为 0.029；API = 200 时对应的值为 0.015；API = 300 时，盈余管理为负值 –0.017。后面的列数都呈现出这种变化趋势。再看每行的数据，可以发现，在不同函数形式下，盈余管理大多也呈现出递减趋势。如从第一行断点综合效应来看，在不同 Jones 模型下，盈余管理逐渐递减，从 0.011～–0.015 变为 0.009～–0.024。下面几行的变化趋势也大致相同。综上可知，随着空气污染加剧，企业确实有向下做盈余管理的现象。

表 3-3 2008～2009 年空气污染对盈余质量管理的断点效应

API 不同等级	基准回归			基准回归		
	一阶函数	二阶函数	三阶函数	一阶函数	二阶函数	三阶函数
	基本 Jones 模型			修正 Jones 模型		
断点综合效应	0.028	0.001	0.013	0.024	–0.011	–0.011
	（0.022）	（0.032）	（0.054）	（0.023）	（0.032）	（0.052）
API = 100	0.010	0.004	–0.0019	0.008	0.0005	–0.006
	（0.017）	（0.018）	（0.019）	（0.017）	（0.018）	（0.019）
API = 200	–0.013	–0.026	–0.032	–0.018	–0.032*	–0.038*
	（0.015）	（0.018）	（0.019）	（0.015）	（0.017）	（0.019）
API = 300	0.067**	0.067*	0.090**	0.074**	0.074**	0.100***
	（0.031）	（0.035）	（0.038）	（0.032）	（0.035）	（0.037）
是否包括控制变量	是	是	是	是	是	是
观测值	127	127	127	127	127	127

*、**、***分别代表 t 统计值在 10%、5%、1%置信水平上显著。

注：表格内是断点的综合效应与各断点的回归系数，括号内值为标准偏差。

表 3-3 反映了 2008～2009 年企业的盈余管理。可见，空气污染每上升一等级即 API = 100、200 时，盈余管理呈现下降趋势，到 API = 300 处盈余管理在 5%水平上显著为正。在第一列，盈余管理从 API = 100 时对应的值为 0.01，在 API = 200 时对应的值为–0.013。但 API = 300 时，盈余管理显著为 0.067。其他各列亦是如此。再看各行数据，在不同函数形式下，在 API = 100、200 处盈余管理值也呈递减趋势。如在第二行断点 100 处，盈余管理逐渐递减，从 0.010～–0.0019 降为 0.008～–0.006。到 API = 300 处盈余管理值继续上升，从 0.067～0.090 上升为 0.074～0.100。

表 3-4　2010～2012 年空气污染对盈余质量管理的断点效应

API 不同等级	基准回归			基准回归			稳健性检验		
	一阶函数	二阶函数	三阶函数	一阶函数	二阶函数	三阶函数	带宽＝25	带宽＝20	带宽＝15
	基本 Jones 模型			修正 Jones 模型			修正 Jones 模型		
断点综合效应	−0.007 (0.015)	−0.0009 (0.023)	0.024 (0.030)	−0.007 (0.015)	−0.0008 (0.024)	0.028 (0.029)	0.013 (0.023)	−0.0019 (0.027)	0.014 (0.029)
API＝100	0.029 (0.020)	0.049* (0.025)	0.070*** (0.025)	0.031 (0.021)	0.052* (0.027)	0.076*** (0.027)	0.057* (0.029)	0.045 (0.030)	0.067** (0.029)
API＝200	−0.011 (0.017)	−0.012 (0.018)	−0.010 (0.018)	−0.008 (0.019)	−0.009 (0.019)	−0.009 (0.019)	−0.027 (0.033)	−0.008 (0.054)	−0.013 (0.057)
API＝300	−0.031** (0.015)	−0.0307* (0.016)	−0.029* (0.017)	−0.034** (0.015)	−0.034** (0.016)	−0.032* (0.017)	−0.042** (0.019)	−0.058** (0.023)	−0.054** (0.023)
是否包括控制变量	是	是	是	是	是	是	是	是	是
观测值	262	262	262	262	262	262	128	96	91

*、**、***分别代表 t 统计值在 10%、5%、1%显著水平上显著。

注：表格内是断点的综合效应与各断点的回归系数，括号内值为标准偏差。

表 3-4 反映 2010～2012 年，企业的盈余管理。从每列的数据来看，当空气污染每上升一个等级，即 API ＝ 100、200、300 时，企业有向下做盈余管理的倾向。尤其在 API ＝ 300 时，在 5%水平上出现显著的负向盈余管理。如第一列，盈余管理从 API ＝ 100 时对应的值为 0.029，当 API ＝ 200 时对应的值为−0.011，当 API ＝ 300 时，盈余管理显著为负值−0.031。其他各列亦是如此。再从每行的横向数据来看，在不同函数形式下，盈余管理在 API ＝ 100、200、300 处呈现微弱的递增趋势。如在第一行，断点综合效应逐渐递增，从−0.007～0.024 增加到−0.007～0.028，其他各行也是如此。

在 2008～2009 年，即表 3-3 中 API ＝ 300 处，盈余管理显著为正，是否能说明空气污染的严重性与企业盈利存在正向关系？也就是说，在 2010 年政府出台相关政策对重污染企业进行管制之后，企业向下的盈余管理是否导致 API ＝ 300 处盈余管理为正的现象消失？再看表 3-4，在 2010～2012 年，API 值从 100 到 300，盈余管理一直呈下降趋势，但在 API ＝ 300 处显著为负，是否说明政策出台后，公众日益关注重污染企业的行为，导致重污染企业低调行事，向下做盈余管理？下面对结果的可靠性做稳健性检验。

3.3.3　稳健性检验

下面针对表 3-4 结果做进一步的稳健性检验，即不加入控制变量，看回归效果是否发生了变化（表 3-5）。

雾霾污染排放的影响及其管控优化

表 3-5　2010～2012 年空气污染对盈余质量管理的断点效应（不加入控制变量）

API 不同等级	基准回归			基准回归			稳健性检验		
	一阶函数	二阶函数	三阶函数	一阶函数	二阶函数	三阶函数	带宽 = 25	带宽 = 20	带宽 = 15
	基本 Jones 模型			修正 Jones 模型			修正 Jones 模型		
断点综合效应	−0.0092 (0.015)	−0.007 (0.023)	0.015 (0.029)	−0.0097 (0.016)	−0.008 (0.024)	0.019 (0.028)	0.007 (0.022)	−0.012 (0.026)	0.001 (0.027)
API = 100	0.028 (0.021)	0.049* (0.026)	0.071*** (0.026)	0.030 (0.022)	0.052* (0.028)	0.077*** (0.027)	0.054* (0.030)	0.040 (0.030)	0.059** (0.029)
API = 200	−0.013 (0.018)	−0.0135 (0.018)	−0.012 (0.019)	−0.011 (0.019)	−0.012 (0.019)	−0.010 (0.020)	−0.034 (0.032)	−0.026 (0.050)	−0.033 (0.053)
API = 300	−0.032** (0.015)	−0.033** (0.016)	−0.031* (0.017)	−0.035** (0.015)	−0.036** (0.016)	−0.033* (0.017)	−0.042** (0.019)	−0.051** (0.023)	−0.045* (0.023)
是否包括控制变量	否	否	否	否	否	否	否	否	否
观测值	262	262	262	262	262	262	128	96	91

*、**、***分别代表 t 统计值在 10%、5%、1%显著水平上显著

注：表格内是断点综合效应与各分断点回归系数，括号内值为标准偏差。

对比表 3-4、表 3-5 可知，控制变量的添加与否对回归结果的影响不大。接下来对控制变量做连续性检验，目的在于检验控制变量在各断点处是否有跳跃的情形。若有，表明控制变量对回归设计有影响。若没有，表明控制变量存在与否对断点回归的结果影响不大。借鉴别的模型[17]：

$$X_{it} = \alpha * 1\{a_{it} - A_j > 0\} + (1 + D_{it}) + f(a_{it} - A_j) + \delta_t + \eta_i + \xi_z + \mu_{it} \qquad (3\text{-}7)$$

其中，X_{it} 表示各控制变量，当 α 不显著时，说明控制变量在断点处没有发生跳跃。结果如表 3-6 所示。

表 3-6　控制变量连续性检验

	杠杆率			上市年限		
	一阶函数	二阶函数	三阶函数	一阶函数	二阶函数	三阶函数
断点综合效应	0.297 (0.24)	0.24 (0.37)	−0.135 (0.48)	−0.205 (0.25)	−0.143 (0.37)	0.011 (0.66)
API = 100	0.144 (0.39)	0.039 (0.46)	−0.038 (0.44)	−0.307 (0.32)	−0.227 (0.39)	−0.202 (0.41)
API = 200	0.312 (0.24)	0.272 (0.26)	0.167 (0.28)	−0.279 (0.29)	−0.233 (0.31)	−0.193 (0.33)
API = 300	−0.048 (0.26)	−0.111 (0.27)	−0.156 (0.29)	0.272 (0.41)	0.330 (0.40)	0.359 (0.41)
观测值	389	389	389	389	389	389

注：（1）表格内是断点综合效应与各分断点回归系数，括号内值为标准偏差；（2）杠杆率=长期资产÷总负债；上市年限为农业上市年限加 1 后取自然对数。

　　从表 3-6 对各控制变量在 API 各断点处的检验情况来看，结果均不显著。因此，控制变量的存在与否对断点回归结果的影响不大。

　　为检验地方政府是否为了增加一年中 API 小于 100 的天数而操纵 API 数据①，下面对执行变量 $a_{it} - A_j$（第 i 个样本到第 j 个断点的距离）进行连续性检验[52]，检验该密度函数在断点处是否发生跳跃（图 3-1）。

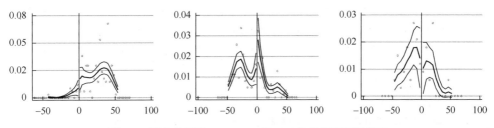

图 3-1　断点分别为 100、200 和 300 处的密度函数检验

　　可以看出，断点两侧密度函数估计值的置信区间基本上是重叠的，所以在断点处是连续的，应不存在操控行为。这与席鹏辉和梁若冰[11]的结果是一致的。

3.4　结　　论

　　通过采集京津冀、长三角、珠三角等 19 个省（区、市）六大行业上市公司 2008～2012 年间的数据，利用 Jones 模型，分析了这些重污染企业是否进行了盈余管理。实证发现，企业在各断点处都进行了向下的盈余管理。尤其是 2010 年之后，当政府部门和社会公众日益关注空气污染问题时，企业在 API＝300 处有显著向下进行盈余管理的现象；另外，没有发现地方政府为了"环境政绩"而操纵 API 的现象。这是本书的新发现，也是主要的实证贡献。

　　针对企业为规避环境规制而采取盈余管理的现象，政府部门应出台更严厉的财务造假惩罚制度，监管部门要加大对企业财务制度的检查力度，审计部门对企业会计信息的审核要更加严格。同时要加强企业的"诚信"文化建设。社会媒体也应参与监督企业环境行为和财务信息披露。只有多管齐下，多方努力，才能减少甚至杜绝重污染企业"刻意"进行盈余管理的行为。最后，还有一些不足。如 2008～2009 年，在 API＝300 的断点处，盈余管理为何显著为正？原因是什么？这里给出了初步的解释，即盈余管理显著为正，可能说明环境污染的严重性与企业盈利存在正相关关系，但 2010 年政府出台相关政策后，这种现象已经消失，说

① 环保部规定：当 API 在 100 以下时，称为"蓝天"。若 2003 年后"蓝天"的天数在一年中的比例不低于 80%，可以申请"国家环境保护模范城市"。

明企业可能进行了更强的盈余管理。当然这只是一种猜测。另外，如何选择更好的控制变量，值得进一步研究。

参 考 文 献

[1]　滕海键. 试论 20 世纪 60～70 年代的美国环境保护运动[J]. 内蒙古大学学报：人文社会科学版，2006，38（4）：112-117.

[2]　Yorifuji T，Kashima S. Secondary sex ratio in regions severely exposed to methylmercury "Minamata disease" [J]. International Archives of Occupational and Environmental Health. 2016，89（4）：659-665.

[3]　Rohde R A，Muller R A. Air pollution in China：mapping of concentrations and sources[J]. Plos One，2015，10（8）：e0135749.

[4]　原毅军，耿殿贺. 环境政策传导机制与中国环保产业发展——基于政府、排污企业与环保企业的博弈研究[J]. 中国工业经济，2010（10）：65-74.

[5]　邓君韬. "邻避运动" 视野下 PX 项目事件审视[J]. 湖南社会科学，2013（5）：85-88.

[6]　Kladko B. Breathing in diesel exhaust leads to changes' deep under the hood.[J]. Journal of Particle and Fibre Toxicology，2015，1-2.

[7]　刘运国，刘梦宁. 雾霾影响了重污染企业盈余管理吗？基于政治成本假说的考察[J]. 会计研究，2015，3：79-101.

[8]　曾月明，刘佳佳. 我国重污染企业的政治成本、盈余管理与政府补助——基于 "PM$_{2.5}$ 爆表" 事件背景[J]. 海南大学学报（人文社会科学版），2016，34（2）：43-50.

[9]　Cahan S F，Chavis B M，Elmendorf R G. Earnings management of chemical firms in response to political costs from environmental legislation[J]. Journal of Accounting Auditing & Finance，1997，12（1）：37-65.

[10]　孙烨，张硕. 基于公共压力动机的我国上市公司环境信息披露的实证研究[J]. 公司治理评论，2009，01（3）：58-75.

[11]　席鹏辉，梁若冰. 空气污染对地方环保投入的影响-基于多断点回归[J]. 统计研究，2011，32（9）：76-83.

[12]　宋英邦，楚金华. 上市公司盈余管理及其度量的实证研究——基于沪深 A 股钢铁板块的经验数据[J]. 沈阳工业大学学报（社会科学版），2011，04（3）：244-249.

[13]　Scott W R. Financial Accounting Theory[M]. Toronto.Canada：Prentice Hall，2003，368-391.

[14]　魏明海. 盈余管理基本理论及其研究述评[J]. 会计研究，2000，9：34-42.

[15]　宁亚平. 盈余管理的定义及其意义研究[J]. 会计研究，2004，9：62-66.

[16]　陈华. 试论盈余管理[J]. 四川会计，2001（11）：8-10.

[17]　蔡宁. 风险投资 "逐名" 动机与上市公司盈余管理[J]. 会计研究，2015，5：20-27.

[18]　Brav A，Gompers P A. Myth or Reality？long-run underperformance of initial public offerings evidence from venture and nonwenture capital-backed companies[J]. Journal of Finance，1997，52：1791-1821.

[19]　高雷，宋顺林. 关联交易、支持与盈余管理—来自配股上市公司证据. 财经科学，2010，2：99-106.

[20]　Chen C W，Yuan H Q. Earnings management and capital resource allocation；evidence from China's accounting based regulation of rights issues[J]. Accounting Review A Quarterly Journal of the American Accounting Association，2011，3：645-665.

[21]　吴联生，薄仙慧，王亚平. 避税亏损的盈余管理程度：上市公司与非上市公司比较[J]. 会计研究，2007，2：44-51.

[22] 李增福, 郑友环. 避税动因的盈余管理方式比较—基于应计项目操控和真实活动操控的研究[J]. 财经研究, 2010, 6: 80-88.

[23] Boynton C E, Dobbins P S, Plesko G A. Earnings management and the corporate alternative minimum tax[J]. Journal of Accounting Research, 1992, 30 (1): 131-153.

[24] 张晓东. 政治成本、盈余管理及其经济后果—来自中国资本市场的证据[J]. 中国工业经济, 2008, 8: 109-119.

[25] Snyder Jr J M, Strömberg D. Press coverage and political accountability[J]. Journal of Political Economy. 2010, 118 (2): 335-408.

[26] 曹辰. 盈余管理动机综述[J]. 现代商贸工业, 2013 (21): 26-27.

[27] Königsqruber R, Windisch D. Does European Union policy making explain accounting choice? [J]. Journal of Management and Governance, 2014, 8 (3): 717-731.

[28] 李维安, 何业坤. 政治身份的避税效应[J]. 金融研究, 2013, 3: 114-129.

[29] 田伟若. 从政治成本 "透视" 盈余管理[J]. 浙江财税与会计, 2003 (11): 47-48.

[30] 徐锐. 政治成本与真实盈余管理研究[D]. 西南财经大学, 2014.

[31] 蒋平. 我国上市公司盈余管理分析——基于 Jones 修正模型的实证分析[J]. 会计之友, 2009 (23): 20-21.

[32] 黄福广, 李西文, 张开军. 风险资本持股对中小板上市公司 IPO 盈余管理的影响[J]. 管理评论, 2012, 24 (8): 29-39.

[33] 刘大志. 应计利润分离模型的效力检验——基于中国资本市场的实证研究[J]. 中南财经政法大学学报, 2011 (1): 85-91.

[34] 黄梅, 夏新平. 操纵性应计利润模型检测盈余管理能力的实证分析[J]. 南开管理评论, 2009, 12 (5): 136-143.

[35] Thistlethwaite D L, Campbell D T. Regression discontinuity analysis: an alternative to the ex post facto experiment. Journal of Educational Psychology, 1960, 51 (6): 309-317.

[36] Almond D, Chen Y, Greenstone M, et al. Winter heating or clean air? unintended impacts of china's huai river policy[J]. American Economic Review, 2009, 99: 184-190.

[37] Angrist J D, Lavy V. Using Maimonides's rule to estimate the effect of class size on scholastic achievement[J]. Quarterly Journal of Economy, 1997, 114 (2): 533-575.

[38] Dell M. The mining mita explaining institutional persistence[J]. MIT Department of Economics, Manuscript. 2008.

[39] Albouy D. Partisan representation in congress and the geographic distribution of federal funds[J]. Journal of Review of Economics & Statistics, 2009, 95 (15224): 1-28.

[40] 余静文, 王春超. 断点回归及其在经济学中的运用[J]. 经济学动态, 2011, 2: 125-131.

[41] Lee D S, Lemieux T. Regression discontinuity designs in economics[J]. Journal of Economic Literature, 2010, 48 (2): 281-355.

[42] Dechow P M, Sloan R G, Sweeney A P. Detecting earnings management[J]. Accounting Review, 1995, 70 (2): 193-225.

[43] 陈新, 刘晓冬, 宋旭. API 法及其在城市大气环境质量评价中的应用[J]. 黑龙江八一农垦大学学报, 2006, 18 (1): 89-92.

[44] Chen Y, Jin G Z, Kumar N, et al. Gaming in air pollution data? Lessons from China[J]. The B. E. Journal of Economic Analysis & Policy, 2012, 12: 1-41.

[45] Currie J, Neidell M, Schmieder J. Air pollution and infant health: Lessons from New Jersey[J]. Journal of Health Economics, 2009, 28 (3): 688.

[46] Heutel G, Ruhm C J. Air pollution and procyclical mortality[J]. NBER working paper. 2013.

[47]　Fan J P H，Wong T J. Corporate ownership structure and the informativeness of accounting earning in East Asia[J]. Journal of Accounting and Economics，2002，33：401-425.

[48]　Watts R L，Zimmerman J L. Positive accounting theory：a ten year perspective[J]. The Accounting Review，1990，1：131-156.

[49]　叶青，李增泉，李光青. 富豪榜会影响企业会计信息质量吗？基于政治成本视角的考察[J]. 管理世界，2012，1：104-120.

[50]　Hahn J，Todd P，Van der Klaauw W. Identification and estimation of treatment effects with a regression-discontinuity design[J]. Journal of Econometrica，2001，69：201-209.

[51]　Brollo F，Nannicini T，Perotti R，et al. The political resource curse[J]. The American Economic Review，2013，103（5）：1759-1796.

[52]　McCrary J. Manipulation of the running variable in the regression discontinuity design：a density test[J]. Journal of Econometrics，2008，142（2）：698-714.

第4章　雾霾污染对企业股票收益率的影响

气候变化背景下，中国的雾霾天气数明显增加，严重影响社会的可持续发展，引发公众的广泛关注。但空气污染对重点监测城市的重污染企业的股票收益率的影响如何？本章采集了中国地级市以上重点监测城市的空气质量指数（AQI）及这些城市上市重污染企业 2011~2016 年的股票收益率数据，利用多断点回归模型检验空气污染程度对地方重污染企业股票收益率的影响。

结果发现：①当空气严重污染时（AQI = 300），对股票收益率产生了显著的负面影响，且结果是稳健的；②空气污染对股票收益率的负面影响存在着时间效应，2013 年之后的负面影响开始显著起来。本章简要探讨了这种现象背后的原因，最后提出，应严格控制严重的空气污染，持续正视空气污染问题，这样才可能群策群力治理空气污染，实现城市的可持续发展。本章首次研究了中国地级市以上重点监测城市的空气污染对股票收益率的影响，所得结论可以为政府监管部门、股市投资者和企业经营者提供实证参考。

由于气候变化的影响，中国空气污染问题日益严重[1]。据估计，中国空气污染造成的过早死亡人数在 2001~2010 年从每年 41.8 万增长到 51.4 万。世界卫生组织全球疾病负担最新研究估计的 2010 年中国过早死亡人数更高，为 120 万人①。然而空气污染除了会影响人们的健康和寿命，还会对人们的其他生活方面造成困扰。比如户外出行频率、社会互动意愿、情绪等。通过调查的数据对中国情况进行分析，发现在发布空气质量预警的日期，人们户外活动的时间会降低 18%[2]。此外，空气污染严重的情况下，人们会降低外出就餐的频率，同时外出就餐的满意度也会出现一定程度的下降[3]。

人们对赖以生存的空气质量问题日益敏感，空气质量的好坏及其变化必将深入而全面地影响人们的心理和行为[4-5]。类似于空气质量，天气晴雨变化这种环境压力就可以通过作用于投资者情绪而影响股票市场。如研究发现云层覆盖率与股票收益率呈显著的负相关关系[6]。有研究检验了云层覆盖比率与股票收益之间的负向关系[7]。有研究发现空气污染与股票收益率呈现负相关关系[5]。有分析发现天气指标对股票收益率没有显著影响，但对股市换手率和波动率等有显著影响[8]。可以利用上海的空气质量和股市数据，利用多元递进的实证方法，分析发现优等的空气质量使股票市场倾向于获得更高的收益率、更低的换手率和波动率等[9]。

---

① http://www.healtheffects.org/Internationl/GBD-Press-Release.pdf.

正是基于空气质量与经济行为的这种密切相关性，并希望在气候变化背景下，从城市层面考察空气污染对投资者情绪产生影响，进而对股票收益率所产生的影响，本章借鉴和发展前人研究思路[6~7]，利用中国重点监测城市的空气质量数据与这些城市重污染企业股票数据，采用断点回归方法，探讨空气污染在何种程度、在什么年份可能会对股票市场产生影响。本章的特点主要在于：①以中国约 100 个重点监测城市及其上市公司数据作为研究对象，减少了由于样本的差异性对结果所产生的偏误，结论也更具有说服力。②不同的空气污染程度，公众的感知也有较大差异。因此利用断点回归方法逐步检验了不同等级的空气污染程度对股票市场收益率的影响。结果发现，当 AQI = 300 时，空气污染对股票收益率产生显著的负面影响。③由于中国政府自 2012 年以后才正式监测并发布重点监测城市的空气污染情况。因此分析 2013 年是否可以作为一个分水岭。结果发现，2013 年之后，空气污染与股票收益率逐渐呈负相关。

本章从多个侧面研究中国重点监测城市的空气污染对重污染企业股票市场收益率的影响，得到一些新的启示，然后针对城市如何适应气候变化、实现可持续发展提出相应的对策建议，是目前类似研究的有益补充。本书还包括文献综述，数据说明，实证分析，最后是本章总结。

4.1　国内外研究进展

鉴于本章的研究思路是空气污染影响投资者情绪、而投资者情绪影响股票收益。因此下面针对这两方面的文献进行述评；同时也针对空气污染影响股票收益的渠道以及为何采用断点回归法等，一并做简要说明。

在空气污染影响投资者情绪的研究方面。早在 1903 年，Nelson 就指出，投资者在闷热和雷雨天气中难以像在干燥和阳光明媚的天气里那样自信地和自由地交易，因为天气状况越好，人们越倾向于乐观和高兴[10]。那么空气质量作为天气状况的指标之一，也在一定程度上影响着人们的情绪和感觉，并通过此作用于股票市场交易。空气污染会影响着人们的情绪，而情绪又会对决策产生作用。暴露在严重的空气污染下，人们会变得更加抑郁、愤怒和无助[11]。天气是人类赖以生存和活动的环境之一，它极大地制约着人类的各项活动。天气的任何显著变化都会给人类带来重大影响，因此受到人们的广泛关注[12]。缺少阳光会使人情绪低落，甚至导致整个社会的自杀率上升[13]。同样在证券市场上，投机者会根据周边的环境如天气而产生的心理因素作用于股票的交易。分析发现小的情绪的波动也会带来资本价格的显著波动[14]。有研究发现天气和生物规律会通过影响人的情绪进而影响股票市场[15]。可见，已经有许多研究发现，严重的空气污染会给投机者带来悲观的负面情绪，减少交易意愿，进而影响股票收益。

在投资者情绪影响股票收益的研究方面。人类存在一种情绪一致的效应，即当个人心情愉悦时会容易碰到积极的事情，但当个人心情糟糕的时候会更容易碰到消极的事物[16]。有人提出了"投资者情绪"的概念体系，认为交易者对未来收益的预期很容易受到情绪变动的影响[17]。心理学的研究也表明，情绪会影响人们的行为决策和判断。如有人认为，人的心情极佳时，会对周边很多的事物做出肯定性的评价，如增加投资和消费等[18]。当人们心情较好的时候，他们会简化认知过程以帮助决策[19]。有研究者提供了中国股票市场与投资者情绪之间相互作用关系的客观证据[20~21]。也有人发现投资者情绪不仅会对当前的市场收益率产生影响，还可以进一步预测长期（或跨期）的市场收益等[22]。另外的许多学者都做了相关研究[23~31]，限于篇幅，不一一赘述。

空气污染影响股票收益，空气质量通过政策渠道[9, 32~43]以及市场预期渠道[44~47]等途径分别影响监管部门、上市公司、本地投资者和外地投资者等股票市场参与主体的偏好和决策，进而决定股票交易行为（方向、数量和时机），最终对股票收益产生影响。各渠道密切互动，相互影响。

本章利用断点回归模型进行实证分析，能够有效避免研究过程中内生性问题。断点回归是仅次于随机实验，能够有效利用现实约束条件分析变量之间因果关系的方法[48]。断点回归还能够避免参数估计的内生性问题，真实反映变量之间的因果关系，因而得到了广泛采用[49]。由于本书研究的是当 AQI 指数达到某一个临界值时，企业股票收益是否会引起变化，是典型的断点回归问题，因此也采用了该方法。

4.2　指标及数据说明

本章样本为 2011～2016 年，中国重点监测城市上市重污染企业的股票收益率，数据和变量具体说明如下：

（1）空气污染程度。本章采用空气质量指数（AQI）作为解释变量的原因是，环保部于 2012 年上半年出台规定，将用空气质量指数（AQI）替代原有的空气污染指数（API）。AQI 参与评价的污染物为 $PM_{2.5}$、O_3、CO、SO_2、NO_2、PM_{10} 等六项；而 API 评价的污染物仅为 SO_2、NO_2 和 PM_{10} 等三项。而且 AQI 采用分级限制标准更严。因此 AQI 较 API 监测的污染物指标更多，其评价结果更加客观。AQI 数据来自 2013 年 1 月 1 日至 2016 年 12 月 31 日中国环保部的城市空气质量日报[1]，该数据的统计单位为各重点城市[2]。

---

① 网址：http://datacenter.mep.gov.cn/report/air.daily/air dairy_api.jsp.
② 2010 年及之前年份，空气质量日报只报告了 86 个地级市以上重点城市的数据；2010 年之后，报告的重点城市增加到 120 个。

（2）断点的选择。本章的被解释变量——年股票收益率是年度衡量指标，而 AQI 是日度数据。为统一分析，参考席鹏辉和梁若冰的处理方法，选择各重点城市的年度 API 最大值[50]。他们认为，API 的最大值不仅能反映污染程度，更重要的是，相较于其他统计特征值，API 的最大值最容易被公众感知。所以本章选择各重点城市的年度 AQI 最大值。本章中 AQI 年度最大值与最小值分别为 500 与 52，通过表 4-1 提供的断点依据，该区间的断点包括了 100、150、200、300，本书把 AQI 的年度最大值变量进行一个多断点效应回归分析。

（3）控制变量。基于对股票收益影响的控制变量选取，本书认为国外赢利、市净率（B/P）、市盈率（E/P）和公司大小是股票收益的 4 种主要影响因素[51]。并从每股收益等因素进行了实证研究[52~53]。除此之外，有人利用横截面多因素方法分析认为，在中国的股票市场上，规模和市净率因素对股票收益率具有显著的解释能力[54]。何治国也发现市盈率倒数对股票收益有显著的影响[55]。所以最终本书考虑把企业规模、市净率、股票收益和市盈率倒数作为控制变量。

（4）重污染企业。2013 年，环保部发布的《关于执行大气污染物特别排放限值的公告》[①]将 19 个省作为重点控制区，并对重点控制区的火电、钢铁、石化、水泥、有色、化工等六大行业以及燃煤锅炉项目执行大气污染物特别排放限值。因此，这 19 个省份的六大行业企业可作为重污染企业的样本源。参考研究，这六大行业可以分解为 12 个重污染行业[②][56]。在国泰君安数据库中，首先筛选出公司所在地为这些省份中属于重点城市的 A 股上市重污染企业数据，并剔除了被 ST 的公司。然后再到锐思数据库中选择时间跨度为 2011~2016 年这些重污染上市企业年股票收益率，同时对股票收益以及本章所加入的所有控制变量中存在的异常值进行了缩尾处理（winsorize），最后共得到 975 个观测数据。

4.3　实证模型、结果和分析

4.3.1　实证模型

根据我国对 AQI 的分类标准，可以设计一个多断点回归模型（表 4-1）。

---

① 《关于执行大气污染物特别排放限值的公告》规定的重点控制区的六大行业分别为：火电、钢铁、石化、水泥、有色、化工。重点控制区涉及的 19 个省（区、市）包括：北京、天津、河北、上海、江苏、浙江、广东、辽宁、山东、湖北、湖南、重庆、四川、福建、山西、陕西、甘肃、宁夏以及新疆。

② 按照以上六大行业，并根据证监会《上市公司行业分类指引》（2012 年修订）划分标准，共得到以下 12 个细分行业：B07（石油和天然气开采业）、B08（黑色金属矿采业）、B09（有色金属矿采业）、C19（皮革、皮毛以及制品和制鞋业）、C25（石油加工、炼焦和核燃料加工）、C26（化学原料和化学制品制造业）、C28（化学纤维制造业）、C29（橡胶和塑料制品）、C30（非金属矿物制品业）、C31（黑色金属冶炼和压延加工业）、C32（有色金属冶炼和压延加工业）、D44（电力、热力生产和供应业）。

表 4-1　空气质量指数及对应的空气质量级别

空气质量指数	空气质量级别	空气质量状况	说明
0-50	I	优	空气质量令人满意，基本无空气污染，各类人群可正常活动
51-100	II	良	此时空气质量可接受，但某些污染物可能对极少数异常敏感人群健康有较弱影响，建议极少数异常敏感人群应减少户外活动
101-150	III	轻度污染	易感人群症状有轻度加剧，健康人群出现刺激症状。建议儿童、老年人及心脏病、呼吸系统疾病患者应减少长时间、高强度的户外锻炼
151-200	IV	中度污染	进一步加剧易感人群症状，可能对健康人群心脏、呼吸系统有影响，建议疾病患者避免长时间、高强度的户外锻炼，一般人群适量减少户外运动
201-300	V	重度污染	心脏病和肺病患者症状显著加剧，运动耐受力降低，健康人群普遍出现症状，建议儿童、老年人和心脏病、肺病患者应停留在室内，停止户外运动，一般人群减少户外运动
300 以上	VI	严重污染	健康人群运动耐受力降低，有明显强烈症状，提前出现某些疾病，建议儿童、老年人和病人应当留在室内，避免体力消耗，一般人群应避免户外活动

当 AQI 在 100、150、200、300 值附近时，企业的盈余管理指标是否会发生跳跃。首先，将 AQI 值分别为 100、150、200、300 时，作为断点。可假设分布在断点周边的样本具有随机性，因此可认为这些样本其他特征是相同的，不存在显著差别，解决了实证过程中遗漏变量的问题[57]。将超过断点的样本视为处理组，否则作为控制组。其次，在分配处理组与控制组的样本时，对各个断点间的样本进行中间切割[58]，取值范围在 $\left[\dfrac{A_{j-1}+A_j}{2}, A_j\right)$ 为控制组，取值范围在 $\left[A_j, \dfrac{A_j+A_{j+1}}{2}\right)$ 为处理组。再利用式（4-1）进行断点回归。设计的模型如下：

$$\gamma_{it} = \alpha * D_{it} + f(a_{it} - A_j) + D_{it} * f(a_{it} - A_j) + X\beta + \delta_t + \eta_i + \xi_z + \mu_{it} \quad (4-1)$$

其中，$a_{it} \in \left[\dfrac{A_{j-1}+A_j}{2}, \dfrac{A_j+A_{j+1}}{2}\right)$；$D_{it} = 1\{a_{it} - A_j > 0\}$；$\gamma_{it}$ 为公司 i 的股票收益率；a_{it} 为空气质量指数，A_j 表是第 j 个断点，$a_{it} - A_j$ 表示第 i 个样本到 j 的距离。所以 $D_{it} = 1\{a_{it} - A_j > 0\}$ 作为处理变量是连续函数 a_{it} 的函数，它由 a_{it} 是否超过断点决定的。当 $a_{it} - A_j > 0$ 时，即超过断点则视为 1，否则视为 0。x 为控制变量，包括企业规模（Size）和市净率（PBV）。δ_t 为时间固定效应，不随个体变化的时间趋势；η_i 为个体固定效应，不随时间变化的个体差异；ξ_z 为断点固定效应；误差项 μ_{it} 为各行业的聚类。$f(a_{it} - A_j)$ 为执行变量 $(a_{it} - A_j)$ 的函数；$D_{it} * f(a_{it} - A_j)$ 是控制断点两侧可能存在的不同函数形式。式（4-2）表示的是断点效应。

$$\gamma_{it} = \sum_{J=1}^{m} a_j * D_{it} * A_J + (1+D_{it})f(a_{it}-A_j) + f(a_{it}-A_j)*A_J + X\beta + \delta_t + \eta_i + \mu_{it}$$

（4-2）

其中，a_j 表示第 j 个断点附近空气质量等级对股票收益率的影响系数。

4.3.2　实证结果与分析

表 4-2 表示 2011～2016 年空气质量等级对股票收益率影响的综合断点效应与分断点效应。

表 4-2　2011～2016 年股票收益率的断点效应

AQI 不同等级	基准回归			带宽 = 20	带宽 = 15	带宽 = 10
	一阶函数	二阶函数	三阶函数			
断点综合效应	−0.0012	−0.059	−0.046	−0.023	−0.047	−0.092
	(0.049)	(0.076)	(0.110)	(0.083)	(0.105)	(0.174)
AQI = 100	−0.217	−0.226	−0.131	−0.292	−0.197	0.056
	(0.132)	(0.141)	(0.243)	(0.156)	(0.186)	(0.043)
AQI = 150	0.0007	0.023	0.084	0.063	0.043	0.042
	(0.060)	(0.079)	(0.089)	(0.068)	(0.092)	(0.140)
AQI = 200	0.081	0.107	0.137	0.057	0.085	0.219
	(0.060)	(0.065)	(0.087)	(0.076)	(0.096)	(0.179)
AQI = 300	−0.069	−0.162*	−0.188*	−0.214*	−0.323*	−0.834**
	(0.061)	(0.076)	(0.098)	(0.098)	(0.159)	(0.251)
是否包括控制变量	否	否	否	否	否	否
样本数	975	975	975	581	451	295

*、**、***分别代表 t 统计值在 5%、1%、0.1%置信水平上显著。

注：表格内是断点的综合效应与各断点的回归系数，括号内值为标准偏差。

表 4-2 是利用式（4-1）对 AQI 年度最大值进行回归的结果，为加强结果的稳健性，分别采用 AQI 的一阶函数、二阶函数、三阶函数作为控制变量。从表 4-2 的断点综合效应来看，空气质量每上升一个等级，股票收益率降低 0.0012～0.059。从分断点上看，在断点 AQI = 100 以及 AQI = 300 时，空气质量与股票收益率呈负相关，但在 AQI = 300 时有显著的负效应（置信水平为 5%）。在断点 AQI = 150 以及 AQI = 200 时股票收益率呈正相关。为进一步加强结果的稳健性，本章选择不同带宽进行回归检验。断点附近的样本被认为是随机分配的，这可以解决实证过程中存在遗漏变量的问题。但在选择带宽时，若带宽过小会造成样本损失；带宽过大，可能会存在遗漏变量问题。因此本章选择各断点与相邻断点的距离的一半作

为带宽，即带宽为 25[①]。在实证过程中，分别将带宽缩小至 15、20 和 25，并采用一阶函数形式进行局部线性回归，可以看出结果与基准结果基本一致（表 4-2）。以上等处理方法参照了席鹏辉和梁若冰[50]所采用的步骤。

从以上结果来看，当 AQI = 300，即空气严重污染时，可能会引发公众关注，政府相关部门或监管机构采取相应的措施来约束重污染企业的高能排放致使股票收益率下跌；或者通过投资者情绪影响企业的股票收益率等。下面对以上结果进一步开展稳健性检验。

4.3.3　稳健性检验

（1）执行变量（AQI）连续性。为检验地方政府是否会操纵 AQI 年最大值，下面对执行变量 $a_{it} - A_j$（第 i 个样本到第 j 个断点的距离）进行连续性检验，检验该密度函数在断点处是否发生跳跃（图 4-1）。

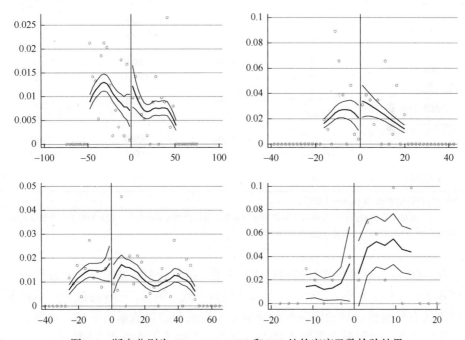

图 4-1　断点分别为 100、150、200 和 300 处的密度函数检验结果

从各断点的检验结果来看，断点两侧密度函数估计值的置信区间基本上是重叠的，所以在断点处是连续的，应不存在操控行为。

---

① 最后两个断点 200、300，其带宽为 50。

（2）控制变量连续性检验。对控制变量做连续性检验，目的在于检验控制变量在各断点处是否有跳跃的情形。若有，表明控制变量对回归结果有影响。若没有，表明控制变量存在与否对断点回归的结果影响不大。借鉴席鹏辉和梁若冰[50]的模型。

$$X_{it} = \alpha * 1\{a_{it} - A_j > 0\} + (1 + D_{it}) + f(a_{it} - A_j) + \delta_t + \eta_i + \xi_z + \mu_{it} \qquad (4\text{-}3)$$

其中，X_{it} 表示各控制变量。当 α 不显著时，说明控制变量在断点处没有发生跳跃。结果如表 4-3 所示。

表 4-3　控制变量的连续性检验

	规模	市净率	1/市盈率	每股收益
断点综合效应	−0.027	−0.375	0.0003	0.002
	(0.039)	(0.272)	(0.004)	(0.028)
AQI = 100	0.109	1.038	0.007	0.089
	(0.106)	(0.750)	(0.009)	(0.075)
AQI = 150	−0.047	−0.269	−0.005	−0.041
	(0.048)	(0.340)	(0.004)	(0.034)
AQI = 200	0.022	−0.364	0.004	−0.023
	(0.048)	(0.334)	(0.004)	(0.034)
AQI = 300	−0.096*	−0.406	0.040	0.009
	(0.048)	(0.340)	(0.004)	(0.035)
观测值	975	965	839	969

*代表 t 统计值在 5% 置信水平上显著。

注：（1）表格内是断点的综合效应与各断点的回归系数，括号内值为标准偏差；（2）规模为总市值取对数，市净率为 P/BV，1/市盈率为 $1/P/E$，每股收益为 EPS。

从 AQI 各断点处各变量的检验情况来看，在断点 300 处的一阶函数形式下，规模在 5% 的置信水平上显著，但在其他函数形式，如二、三阶函数下并不显著，所以不具有稳健性，这说明该控制变量对断点回归结果的影响不大。而市净率、1/市盈率以及每股收益在各断点处均不显著，所以不存在断点效应。综上，这 4 个变量都可作为本章的控制变量。但加入这 4 个变量后发现，市净率、1/市盈率大大降低了断点回归的结果的精确性，所以不能作为本章实证过程中的控制变量。最后仅将规模与每股收益作为控制变量（表 4-4）。可以看出，表 4-4 与表 4-2 的结果基本一致。

表 4-4　2011～2016 年股票收益率的断点效应

AQI 不同等级	基准回归			带宽 = 20	宽 = 15	带宽 = 10
	一阶函数	二阶函数	三阶函数			
断点综合效应	0.005 (0.049)	−0.060 (0.076)	−0.043 (0.108)	−0.017 (0.083)	−0.050 (0.106)	−0.085 (0.178)
AQI = 100	−0.233 (0.132)	−0.246 (0.141)	−0.171 (0.242)	−0.304[*] (0.156)	−0.215 (0.187)	0.075 (0.450)
AQI = 150	0.012 (0.060)	0.027 (0.079)	0.087 (0.089)	0.081 (0.069)	0.037 (0.093)	0.045 (0.144)
AQI = 200	0.087 (0.060)	0.119 (0.065)	0.150 (0.087)	0.062 (0.076)	0.106 (0.097)	0.221 (0.182)
AQI = 300	−0.069 (0.061)	−0.175[*] (0.076)	−0.199[*] (0.097)	−0.240[*] (0.099)	−0.347[*] (0.140)	−0.839[**] (0.254)
是否包括控制变量	是	是	是	是	是	是
样本数	975	975	975	581	451	295

*、**分别代表 t 统计值在 5%、1%置信水平上显著。

注：表格内是断点的综合效应与各断点的回归系数，括号内值为标准偏差。

空气污染对股票收益率的影响是否会存在年份效应？如采用北京 2013 年之前的空气污染指数检验发现，空气污染与股票收益率之间不存在显著的相关关系[59]。基于此。本章对 AQI = 300 时不同年份的股票收益率的变化情况进行回归分析（表 4-5）。

表 4-5　在断点 AQI = 300 时股票收益率的变化情况

年份 函数形式	基准回归（AQI = 300）								
	2011～ 2012	2011～ 2013	2011～ 2014	2011～ 2015	2011～ 2016	2012～ 2016	2013～ 2016	2014～ 2016	2015～ 2016
一阶函数	0.031[**] (0.103)	0.045 (0.082)	−0.023 (0.067)	−0.065 (0.069)	−0.069 (0.061)	−0.110 (0.073)	−0.206[*] (0.092)	−0.240[*] (0.122)	−0.517[*] (0.231)
二阶函数	0.231 (0.128)	0.064 (0.102)	−0.098 (0.087)	−0.177[*] (0.088)	−0.175[*] (0.076)	−0.244[**] (0.092)	−0.371[**] (0.112)	−0.397[**] (0.142)	−1.103[**] (0.324)
三阶函数	0.406 (0.215)	0.260 (0.153)	−0.059 (0.111)	−0.234[*] (0.113)	−0.199[*] (0.097)	−0.267[*] (0.113)	−0.427[**] (0.141)	−0.506[**] (0.175)	−1.153[**] (0.411)
样本数	294	441	612	788	975	851	681	534	363

*、**分别代表 t 统计值在 5%、1%置信水平上显著。

注：表格内是断点的综合效应与各断点的回归系数，括号内值为标准偏差。

从表 4-5 可见，但 AQI = 300 时，在不同函数形式下不同年份股票收益率的变化情况。2011～2012 年和 2011～2013 年，空气质量对股票收益率影响为正。

接着逐步增加年份进行回归，可以发现空气污染与股票收益率逐渐呈负相关，最后在不同函数形式下也逐渐变得显著起来。回归过程中发现"2013 年"是一个特殊的年份。2011～2013 年，空气质量对股票收益率的影响显著为正，但截止年份增加到"2013 年"之后，空气质量对股票收益率的影响都为负值，且在统计上显著的系数越来越多，这说明可以将"2013 年"作为一个分水岭。

实际上，自 2012 年之后，中国政府才开始正式公布重点城市的空气质量数据（AQI）。如 2013 年 1 月 1 日我国正式按照空气质量新标准分布京津冀等区域及 74 个城市的主要污染物和环境空气质量指数（AQI），以便民众了解空气质量情况。该举措标志着空气质量新标准第一阶段监测实施任务完成。同时国家减灾民政部通报2013 年自然灾害时，首次将雾霾气象天气作为为一项严重环境污染问题。对此媒体也纷纷参与报道。如 2013 年的《新闻联播》首次在新闻头条上以约 8 分钟的时间报道了中国的雾霾天气。统计《人民日报》中关于 2011～2016 年对雾霾天气的报道数量。2011 年为 3 条，2012 年 4 条，2013 年开始急剧上升到 40 条，2014 仍然有 26 条。由于政府部门重视、公众关注，自 2013 年开始，空气污染问题也由环境问题逐渐演变成一个社会热点和焦点问题。可见 2013 年确实是中国社会正视雾霾问题的"元年"。这进一步说明了实证研究结果的可信性。

4.4 结　论

本章采集了 2011～2016 年，中国重点监测城市六大重污染行业上市公司的数据，利用断点回归模型，分析了空气质量与股票收益之间的关系。实证发现，在断点 AQI = 300 时，这些上市公司的股票收益率开始显著为负。该结果符合投资者情绪的理论，即污染严重的天气可能会影响投机者的心情，不良的情绪使得投资者对股票市场的收益出现悲观预期，致使企业股票收益下跌。当然，按照郭永济和张谊浩的观点，也可能存在另外的情形，即企业的高污染排放引发了公众的关注，使得相关监管部门采取措施来约束重污染企业行为，也影响了企业股票收益。总之，不管是何种因素，我们的实证发现，严重的空气污染确实对上市公司的股票收益率产生了负面影响。而且，我们还发现，AQI = 300 可以视为空气污染影响股市的一个阈值。另外，空气污染影响股市还存在着年份效应，"2013 年"可以作为一个分水岭，在此之后，负面影响开始变得显著起来。

针对以上发现，本书提出 3 个建议。

首先，严重的空气污染会对经济发展产生负面影响。应该严格限制重空气污染的天数。我国的重点监测城市大部分正处于工业化的中后期，污染型空气排放仍处于高峰期，短期内难以完全消除空气污染。但值得注意的是，如果空气污染超过一定的程度，将会对城市形象、招商引资、公众情绪和上市企业的收益等产生负面影响，进而对城市的经济增长产生负面影响。因此，绝不能一味以维持城市的经济增长为理由，放任空气污染。

其次，应持续正视空气污染的危害性。已有许多研究发现，空气污染对身心健康等具有严重的负面影响。本章研究还发现，当中国政府于 2013 年正视空气污染的危害，空气污染对社会的真实影响便开始显露出来。自 2016 年开始，由于公众高度重视空气污染问题，雾霾问题逐渐演变成为一个考验中国政府执政能力的政治问题。我们需要正视空气污染的危害，全社会才可能群策群力，共同研究施策，齐心协力消除空气污染。

最后，中国这些重点监测城市在发展过程中的"前车之鉴"值得其他国家的城市和中国其他经济欠发达的城市借鉴。实际上，只要公众意识空气污染问题的严重性，社会各界便会通过各种渠道施加影响，促使以往的生产和生活方式产生变化。如中国政府于 2013 年正式监测和公布空气质量数据，这些重点监测城市重污染行业的股票收益率便应声而降。因此，应努力在经济发展、公众意愿、城市形象和环境保护等多维约束下找到平衡点，才能减缓气候变化、空气污染等带来的负面影响，实现城市的可持续发展。

参 考 文 献

[1] Cai W，Li K，Liao H，et al. Weather conditions conducive to Beijing severe haze more frequent under climate change[J]. Nature Climate Change，2017，7（4）：257-262.

[2] Sexton A L. Responses to air quality alerts：Do Americans spend less time outdoors？Human Reactions and Political Economy. Association of Environmental and Resource Economists，2nd Annual Summer Conference，3-5 June，Asheville，NC.

[3] 郑思齐，张晓楠，宋志达，等. 空气污染对城市居民户外活动的影响机制：利用点评网外出就餐数据的实证研究[J]. 清华大学学报（自然科学版），2016（1）：89-96.

[4] Lundberg A. Psychiatric aspects of air pollution[J]. Otolaryngology-head and neck surgery：official journal of American Academy of Otolaryngology-Head and Neck Surgery，1996，114（2）：227-31.

[5] Lepori G M. Environmental stressors，mood，and trading decisions：evidence from ambient air pollution[J]. Ssrn Electronic Journal，2009.

[6] Saunders E M. Stock prices and wall street weather[J]. American Economic Review，1993，83（5）：1337-1345.

[7] Hirshleifer D，Shumway T. Good day sunshine：stock returns and the weather[J]. Journal of Finance，2003，58（3）：1009-1032.

[8] 陆静. 中国股票市场天气效应的实证研究[J]. 中国软科学，2011（6）：65-78.

[9] 郭永济，张谊浩. 空气质量会影响股票市场吗？[J]. 金融研究，2016（2）：71-85.

[10] Nelson S. The ABC of Stock Market Speculatio[M]. Fraser Publishing，1903.

[11] Evans G W，Jacobs S V，Dooley D，et al. The interaction of stressful life events and chronic strains on community mental health[J]. American Journal of Community Psychology，1987，15（1）：23-34.

[12] 周后福. 气候变化对人体健康影响的综合指标探讨[J]. 气候与环境研究, 1999, 4 (1): 121-126.

[13] Eagles J M. The relationship between mood and daily hours of sunlight in rapid cycling bipolar illness.[J]. Biological Psychiatry, 1994, 36 (6): 422-424.

[14] Mehra R, Sah R. Mood fluctuations, projection bias, and volatility of equity prices[J]. Journal of Economic Dynamics & Control, 2002, 26 (5): 869-887.

[15] Lucey B M, Dowling M. The Role of Feelings in Investor Decision-Making[J]. Journal of Economic Surveys, 2005, 19 (2): 211-237.

[16] Forgas J P, Bower G H. Mood effects on person-perception judgments.[J]. Journal of Personality & Social Psychology, 1987, 53 (1): 53-60.

[17] Shleifer A, Thaler R H. Investor sentiment and the closed-end fund puzzle[J]. Journal of Finance, 1991, 46 (1): 75-109.

[18] Wright W F, Bower G H. Mood effects on subjective probability assessment[J]. Organizational Behavior & Human Decision Processes, 1992, 52 (2): 276-291.

[19] Isen A M. Positive affect and decision making[J]. Handbook of Emotions, 1993.

[20] 李心丹, 王冀宁. 中国个体证券投资者交易行为的实证研究[J]. 经济研究, 2002 (11): 54-63.

[21] 宋军, 赵烨, 吴冲锋. 资本市场中的头羊—从羊模型[J]. 系统工程理论与实践, 2003, 23 (1): 1-8.

[22] 韩立岩, 伍燕然. 投资者情绪与IPOs之谜——抑价或者溢价[J]. 管理世界, 2007 (3): 51-61.

[23] Baker M, Wurgler J. Investor sentiment and the cross-section of stock returns. The Journal of Finance[J]. 2006, 61 (4): 1645-1680.

[24] Kaplanski G, Levy H. Sentiment and stock prices: The case of aviation disasters. Journal of Financial Economics[J]. 2010, 95 (2): 174-201.

[25] Levy T, Yagil J. Air pollution and stock returns in the US. Journal of Economic Psychology[J]. 2011, 32 (3): 374-383.

[26] 王美今, 孙建军. 中国股市收益、收益波动与投资者情绪[J]. 经济研究, 2004 (10): 75-83.

[27] Brown G W, Cliff M T. Investor sentiment and the near-term stock market. Journal of Empirical Finance[J]. 2004, 11 (1): 1-27.

[28] 陈彦斌. 情绪波动和资产价格波动[J]. 经济研究, 2005 (3): 36-45.

[29] 丁志国, 苏治. 投资者情绪、内在价值估计与证券价格波动——市场情绪指数假说[J]. 管理世界, 2005 (2): 143-145.

[30] 林树, 俞乔, 汤震宇, 等. 投资者"热手效应"与"赌徒谬误"的心理实验研究[J]. 经济研究, 2006 (8): 58-69.

[31] 山立威. 心理还是实质: 汶川地震对中国资本市场的影响[J]. 经济研究, 2011 (4): 121-134.

[32] Oberndorfer U, Ziegler A. Environmentally oriented energy policy and stock returns: an empirical analysis[J]. Zew Discussion Papers, 2006.

[33] Mulatu A, Gerlagh R, Rigby D, et al. Environmental regulation and industry location in Europe[J]. Environmental and Resource Economics. 2010, 45 (4): 459-479.

[34] 傅帅雄, 张可云, 张文彬. 环境规制与中国工业区域布局的"污染天堂"效应[J]. 山西财经大学学报, 2011 (7): 8-14.

[35] Kong D, Liu S, Dai Y. Environmental policy, company environment protection, and stock market per-formance: evidence from China[J]. Corporate Social Responsibility and Environmental Management. 2012, 21 (2): 100-112.

[36] Thaler R H. Advances in Behavioral Finance[M]. Princeton University Press，1993.

[37] Daniel K，Hirshleifer D，Subrahmanyam A. Investor psychology and security market under and overreactions[J]. Journal of Finance. 1998，53（6）：1839-1885.

[38] Bullinger M. Environmental stress：effects of air pollution on mood. neuropsychological function and physical state[J]. In：Puglisi-Allegra S，A Oliverio（eds.）. Psychobiology of Stress. 1990，54：241-250.

[39] Schottenfeld R S. Psychologic sequelae of chemical and hazardous materials exposures[J]. In：Sullivan J B，Krieger G R，eds. Hazardous materials toxicology. Baltimore：Williams&Wilkins. 1992，463-470.

[40] Nowakowicz-Debek B，Saba L H，Bis-Wencel. The effects of air pollutants on the cortisol and progesterone secretion in polar fox（Alopex lagopus）[J]. Scientifur. 2004，28（3）：218-221.

[41] Coates J M，Herbert J. Endogenous steroids and financial risk taking on a london trading floor[J]. Proceedings of the National Academy of Sciences. 2008，105（16）：6167-6172.

[42] Hirshleifer D. Investor psychology and asset pricing[J]. Journal of Finance. 2001，56（4）：1533-1597.

[43] 林树，俞乔. 有限理性、动物精神及市场崩溃：对情绪波动与交易行为的实验研究[J]. 经济研究，2010（8）：115-127.

[44] 陈圣飞，谢汪送，朱旭强. 论适应性预期下中国投资者对股市主观概率的测定[J]. 经济理论与经济管理，2011，V（7）：76-79.

[45] 谭松涛，陈玉宇. 投资经验能够改善股民的收益状况吗——基于股民交易记录数据的研究[J]. 金融研究，2012（5）：164-178.

[46] Banerjee A V. A simple model of herd behavior[J]. Quarterly Journal of Economics. 1992，107（3）：797-817.

[47] 王鸿冰，杨炘. 中国股市交易量的周内效应[J]. 清华大学学报（自然科学版），2004，44（12）：1615-1617.

[48] 余静文，王春超. 新"拟随机实验"方法的兴起——断点回归及其在经济学中的应用[J]. 经济学动态，2011（2）：125-131.

[49] Lee D S. Randomized experiments from non-random selection in US House elections[J]. Journal of Econometrics. 2008，142（2）：675-697.

[50] 席鹏辉，梁若冰. 城市空气质量与环境移民——基于模糊断点模型的经验研究[J]. 经济科学，2015，Vol.37（4）：30-43.

[51] Arnott R D，Kelso C M，Kiscactden S，et al. Forecasting factor returns an intriguing possilbility[J]. Journal of Portfolio Management. 1989，16（1）：28-35.

[52] 刘志新，卢姐，黄昌利. 中国股市预期收益率的横截面研究[J]. 经济科学，2000，Vol.22（3）：65-70.

[53] 李豫湘，刘星. 股利决策对股价影响的研究[J]. 重庆大学学报：自然科学版，1997，20（5）：78-82.

[54] 陈信元，张田余，陈冬华. 预期股票收益的横截面多因素分析：来自中国证券市场的经验证据[J]. 金融研究，2001（6）：22-35.

[55] 何治国. 中国股市风险因素实证研究[J]. 经济评论，2001（3）：81-85.

[56] 刘运国，刘梦宁. 雾霾影响了重污染企业的盈余管理吗？——基于政治成本假说的考察[J]. 会计研究，2015（3）：26-33.

[57] Hahn J，Todd P，Klaauw W V D. Identification and estimation of treatment effects with a regression-discontinuity design[J]. Journal of Econometrica. 2001，69（1）：201-209.

[58] Brollo F，Nannicini T，Perotti R，et al. The political resource curse[J]. The American Economic Review. 2013，103（5）：1759-1796.

[59] Hu X，Li O Z，Lin Y. Particles，pollutions and prices[J]. Social Science Electronic Publishing. 2014，1-60.

第5章 基于省份的大气环境效率研究

利用 2002~2010 年我国 30 个省（直辖市、自治区）的面板数据，采用人口加权的 $PM_{2.5}$ 浓度作为大气环境污染指标，基于规模报酬可变的 Super-SBM 模型，测算了我国大气环境效率值，分析其区域分布和收敛情况，并运用 Tobit 模型分析我国大气环境效率的影响因素。结果表明：①2002~2010 年，海南、青海、上海、天津和广东这 5 个省份的大气环境效率最高，而四川、重庆、云南、陕西和河北等中西部省份的大气环境效率较低。②不同区域的大气环境效率具有较大的差异。南部沿海省份和东部沿海省份的大气环境效率较高，而黄河中游和长江中游地区省份的大气环境效率较低。此外，全国的大气环境效率的 σ 值呈现波动式上涨。其中，北部沿海的 σ 值波动与全国的变化趋势基本一致，东部沿海的 σ 值缓慢上涨，黄河中游地区以 2005 年为分界线，σ 值先收敛后发散。西南地区逐渐收敛，其余地区相对平稳。③大气环境效率和第二产业占比、煤炭消耗量比重、汽车保有量显著负相关，与人均 GDP 显著正相关。最后提出了相应的对策建议，是大气环境效率评价研究的有益补充，所得结论可为大气环境的区域性治理工作提供实证支持。

随着我国工业化发展与城市化进程的不断加速，环境污染问题日益严重，尤其是雾霾现象频繁发生，引发社会各界的广泛关注。

针对目前环境污染现状，我国政府前后出台了一系列政策文件，旨在通过行政力量推动污染排放。2012 年公布的《重点区域大气污染防治"十二五"规划》和《"十二五"节能减排综合性工作方案》，要求单位生产总值的 CO_2 排放量降低 17%，SO_2 排放量减少 8%。2013 年国务院审议通过的《大气污染防治行动计划》要求，在 5 年或者更长时间内，逐渐消除重污染天气。在"新常态"背景下，尽管经济处于中低速的增长区间，但能耗需求仍然居高不下。要实现以上指标要求，关键在于如何提高产出的环境效率，即在获得经济产出的同时降低单位环境污染物排放量的投入。因此，客观评价各地区的环境效率，找出影响效率的因素，对于政府有针对性地制定环保政策具有重要的指导意义。本章利用 DEA 方法，将人口加权 $PM_{2.5}$ 浓度作为污染性投入指标，测算我国各省份的大气环境效率，并运用 Tobit 模型分析大气环境效率的主要影响因素，最后提出相应的对策建议。

5.1　国内外研究进展

环境效率是经济发展需要付出的环境代价（污染物排放量）大小的度量。将环境作为一种资源的投入，以环境生产前沿面的决策单元为参照面，在保持投入产出不变时，评价环境负荷在现有基础上降低的潜力。采用 DEA 模型度量环境效率是现阶段的主流做法。重点在于如何选取合适的 DEA 模型，以及如何界定投入和产出指标。

有关评价环境效率的文献大致可以分为两类。第一类，将污染排放物作为非期望产出指标（非期望产出法）。如将 CO_2 排放量视为非期望产出，研究了 OECD 国家的环境效率和监管标准[1]；如将污染物 CO_2 作为非期望产出处理，采用 SBM 模型分析了 30 个 OECD 国家的相对环境效率[2]。有研究选取 NO_x、SO_2 以及 CO_2 排放作为非期望产出指标，评价了 OECD 国家港口城市的环境效率[3]。有研究将污染物排放量作为非期望产出指标，使用 DEA-SBM 模型评价了东北地区城市群的环境效率[4]。采用 SBM 模型评价各省区的环境效率时，都将污染排放作为非期望产出[5-6]。第二类，污染排放量作为投入指标（投入法）。如将对环境的负效应变量作为投入指标分析了荷兰牛奶场的环境效率[7]。将污染物输出作为投入指标，分析了加拿大造纸工业的环境效率，并根据分析结果提供了更完善的生产技术[8]。或采用 DEA 模型研究能源消耗以及 CO_2 排放效率时，将污染变量（CO_2 排放量）作为投入指标[9]。也有在利用 DEA 模型度量中国区域环境效率时，将污染物 COD 排放量和 SO_2 排放量作为投入指标[10]。在评价大气环境效率时，选取大气污染物（SO_2 排放量、NO_x 排放量以及烟粉尘量）作为投入指标[11]。

第一类方法在增加期望产出的同时，减少非期望产出以及资源的投入，希望实现"双赢"的局面；第二类方法认为，污染物的排放是无法完全避免的，在某种程度上，污染物本身也是一种投入，所以将其作为投入变量也是合理的。因此，两种方法都有其合理性。但通过对比两类模型发现，将污染物作为投入变量时，约束条件更加严格且决策单位可获得更大可能的改进[12]。因此这里采用第二类方法，并从 3 个方面进行拓展：①目前主要研究关心的是环境效率，但很少研究大气环境效率。以大气污染作为研究对象，使用各省的人口加权 $PM_{2.5}$ 浓度作为大气污染排放指标，分析大气环境效率，这类研究较为少见。②采用 Super-SBM 模型，一方面可以直接解决投入过剩和产出短缺的问题，另一方面也解决了多个高效率省份之间无法比较相对效率的问题。③由于 DEA 模型效率值存在着固有的数值限制，即效率值基本处于 0～1，因此进一步选用 Tobit 模型对人均 GDP、产业结构等影响大气环境的因素进行实证分析。

5.2 模 型 介 绍

DEA 模型由著名运筹学家 Charnes 等提出[13]，得到了较快发展。是一种测算多投入多产出的决策单元是否相对有效的非参数评估方法，被广泛地运用在产业、金融、企业技术效率等评价。传统的 DEA 模型不能有效地考虑投入产出的松弛性，其测度的效率值存在着有偏或不准确的问题。因此提出了基于松弛变量测度的非径向和非角度的 SBM-DEA 模型[14]和超效率 SBM（Super-SBM）模型[15]。该类模型以优化松弛变量为目标函数，可以直接解决投入过剩和产出短缺的问题，同时也解决了多个有效决策单位无法比较的问题。

规模报酬可变下的 Super-SBM 模型的基本原理如下：假设一个评价系统中有 n 个决策单元，每个决策单元都有 S 个期望产出变量以及 m 个投入变量。可表示为 $X = (x_1, x_2, \cdots, x_m)^2$ 和 $Y = (y_1, y_2, \cdots, y_m)^2$，最优化的效率评价模型的形式如下：

$$\rho = \min \frac{\dfrac{1}{m} \sum_{i=1}^{m} \bar{x}_i / x_{ik}}{\dfrac{1}{s} \left(\sum_{r=1}^{s} \bar{y}_r / y_{rk} \right)}$$

$$\text{其中，} \sum_{\substack{j=1 \\ j \neq k}}^{n} \lambda_j x_j \leqslant \bar{x}; \sum_{\substack{j=1 \\ j \neq k}}^{n} \lambda_j y_j \geqslant \bar{y};$$

$$x_{ik} = \sum_{i=1}^{n} x_{ij} \lambda_j + s_i^-, \ y_{rk} = \sum_{i=1}^{n} y_{rj} \lambda_j - s_r^+; \quad (5\text{-}1)$$

$$r = 1, \cdots, s; i = 1, \cdots, m;$$

$$\bar{x} \geqslant x_k, \bar{y} \leqslant y_k;$$

$$\sum_{\substack{j=1 \\ j \neq k}}^{n} \lambda_j = 1, \bar{y} \geqslant 0, \lambda \geqslant 0$$

式中，ρ 为超效率值；$(\bar{x}, \bar{y})$ 为决策变量的参考点；s^- 为投入的松弛变量；s^+ 为期望产出松弛变量；模型中变量的下标为"k"的是被评价的第 k 个决策单元；λ 为权重向量。当 $\rho < 1$ 时，表示该决策单元无效，当 $\rho \geqslant 1$ 时，分为两种情况讨论，当 $s^- \neq 0$ 或 $s^+ \neq 0$ 时，认为该决策单元弱有效；当 $s^- = s^+ = 0$ 时，表示该决策单元处于有效状态。

5.3 大气环境效率评估

5.3.1 数据来源与处理

本书收集了 2002~2010 年，我国 30 个省份的数据。在基于松弛变量的超效率数据包络模型（Super-SBM）中，将 $PM_{2.5}$ 作为环境污染的投入指标，此外还将资本投入、劳动力、能源作为投入指标，将实际 GDP 作为产出指标。

其中，产出指标包括：各地区实际 GDP。按照 2002 年不变价格换算得到实际 GDP，单位为亿元。

而投入指标包括：①资本投入：以固定资产投资表示，为保持口径一致，以 GDP 的平减指数将其换算成以 2002 年为基期的数据，单位为亿元。②劳动力：各省市的历年就业人口，单位为万人。③能源：将各省市的各类能源消费量折算成标准煤，单位为万吨标准煤。④环境污染：将各省市的人口加权 $PM_{2.5}$ 浓度作为投入指标。各省市 GDP、固定资产投资原始数据来源于《中国统计年鉴》（2002～2010），就业人口来源于《中国人口和就业统计年鉴》，能源消费量来源于《中国能源统计年鉴》。通过度量气溶胶光学厚度，得到不同湿度下的 $PM_{2.5}$ 年均值，将其制作成的 2002～2010 年人口加权 $PM_{2.5}$ 浓度。这里也采用该人口加权 $PM_{2.5}$ 浓度数据。

使用 Mydea1.0.5 软件，计算得到 2002～2010 年中国各省的大气环境效率值，具体见表 5-1。

表 5-1　中国各省市大气环境效率值

年份 地区	2002	2003	2004	2005	2006	2007	2008	2009	2010
北京	0.845	1.007	1.006	1.02	1.022	1.027	1.058	1.047	1.044
天津	1.034	1.009	1.02	1.058	1.012	1.039	1.014	1.029	1.032
河北	0.519	0.516	0.539	0.529	0.473	0.468	0.459	0.446	0.446
山西	0.454	0.467	0.498	0.494	0.454	0.462	0.483	0.431	0.4
内蒙古	0.545	0.495	0.527	0.544	0.544	0.579	0.598	0.634	0.643
辽宁	1.01	0.681	0.673	0.688	0.635	0.65	0.626	0.651	0.661
吉林	0.586	0.596	0.623	0.626	0.558	0.584	0.535	0.552	0.544
黑龙江	0.754	1.012	1.022	1.059	0.779	0.748	0.679	0.694	0.688
上海	1.221	1.255	1.209	1.257	1.246	1.258	1.298	1.25	1.328
江苏	0.785	0.766	0.762	0.789	0.752	0.743	0.745	0.748	0.751
浙江	0.764	0.78	0.771	0.834	0.806	0.79	0.773	0.797	0.821
安徽	0.512	0.502	0.498	0.477	0.438	0.418	0.415	0.424	0.423
福建	1.031	1.002	0.792	0.786	0.747	0.716	0.724	0.748	0.76
江西	0.56	0.497	0.505	0.505	0.496	0.498	0.486	0.486	0.48
山东	0.666	0.589	0.622	0.619	0.595	0.604	0.618	0.639	0.608
河南	0.566	0.522	0.527	0.513	0.465	0.447	0.442	0.445	0.444
湖北	0.511	0.523	0.521	0.526	0.516	0.494	0.488	0.49	0.465

续表

地区＼年份	2002	2003	2004	2005	2006	2007	2008	2009	2010
湖南	0.557	0.544	0.537	0.509	0.485	0.483	0.477	0.474	0.48
广东	1.543	1.476	1.454	1.375	1.495	1.552	1.554	1.556	1.526
广西	0.561	0.546	0.521	0.488	0.461	0.454	0.452	0.442	0.421
海南	2.577	2.496	2.331	2.317	2.693	2.421	2.663	2.715	2.444
重庆	0.484	0.505	0.483	0.444	0.407	0.416	0.422	0.424	0.39
四川	0.452	0.444	0.453	0.448	0.419	0.424	0.416	0.403	0.412
贵州	0.295	0.311	0.318	0.349	0.333	0.349	0.38	0.39	0.357
云南	0.466	0.463	0.443	0.405	0.38	0.374	0.374	0.367	0.355
陕西	0.457	0.451	0.474	0.487	0.459	0.447	0.458	0.457	0.434
甘肃	0.403	0.411	0.442	0.434	0.43	0.426	0.41	0.39	0.364
青海	1.039	1.116	1.122	1.133	1.115	1.142	1.174	1.16	1.149
宁夏	1.004	0.593	0.621	0.609	0.679	0.761	0.78	1.004	0.898
新疆	0.507	0.51	0.504	0.525	0.512	0.517	0.507	0.465	0.472

5.3.2　大气环境效率的前沿面分析

由表 5-1 可见，2002～2010 年，海南、青海、上海、天津、广东这五个省份一直保持着环境的有效性。其中海南省的环境效率特别高，这是与海南地理位置和气象环境优越分不开的。青海省的环境有效性好，主要得益于良好的产业结构，其中农林牧渔业占比较高、重化工业少，污染产出相对较少。而北京自 2003 年后就一直处于环境前沿面，并且大气环效率一直稳定上涨，这可能与北京市较高的经济发展水平相关。此外，江苏、浙江、福建以及宁夏在样本区域内的大气环境效率也处于较高的水平（0.7 以上）。可见，处于环境前沿面的地区，大部分是东部经济发达、科技发展水平较高的地区，另一小部分则是环境优良但经济产出较低的地区。这与曾贤刚分析结果是一致的[16]。

此外，我国大气环境效率较低的省份多处于中部地区，如四川、重庆、云南、陕西、河北等，而这也与中部地区高能耗、重污染的产业发展特征相对应。而这一结论与一些研究结论一致[17-18]。但环境效率是一个相对指标，处于效率前沿面的地区只是相对国内其他地区处于优势地位，但我国整体的环境效率仍与发达国家存在较大差距。WHO 规定的 $PM_{2.5}$ 浓度的安全阈值为 $10\mu g/m^3$，而我国各省份的人口加权 $PM_{2.5}$ 的均值为 $26～29\mu g/m^3$。因此，我国环境高效率的地区，如海南、青海、上海、天津、广东等仍然需要持续加强环境治理、减少污染排放。

5.3.3　大气环境效率的区域差异分析

2005 年国务院发展研究中心发布的报告《地区协调发展的战略和政策》将全国主要地区划分为八大经济区，分别为南部沿海、北部沿海、东部沿海、黄河中游地区、长江中游地区、东北地区、西南地区、大西北地区[①]。相对于传统的东、中、西部的划分，这种划分更细化、合理。这里也采用这种划分方法。

2002～2010 年，我国的大气环境效率总体呈现明显的区域化差异，大气环境效率较高的省份效率值均值在 1 左右，而效率较低的省份的效率值均值仅在 0.5 左右。首先，南部沿海地区的气候条件较好，有利于污染物的扩散；其次，这些区域对外开放程度较高，有利于发展高技术、低耗能的产业。此外，东部沿海地区、北部沿海地区凭借其优势的经济实力、有利的沿海地域条件以及较为发达的科学教育文化基础，大气环境效率也相对有效。东北地区的经济密度相对较低，大气环境条件较好。然而，其工业产业结构以重工业业为主，两种因素相互制约，使得东北地区的环境效率处于中等位置。大西北地区地势开阔、人口密度低，第一产业比重较高，气象环境条件较好，但经济效益较差，所以大气环境效率也处于居中的位置。我国的黄河中游地区、长江中游地区和西南地区的大气环境效率都是较低的，其中黄河中游地区的省份多以煤炭、天然气等能源开采加工、钢铁工业等重污染产业为主，长江中游地区是以钢铁、有色冶金为主，西南地区的重化工业较为发达等，纵观这三大地区，均以高能耗、重污染的产业为主，且对外开放度相对一般，技术水平较弱，呈现高投入、中产出、重污染的经济形态，大气环境效率普遍偏低。

八大区域的大气环境效率如下图 5-1 所示。

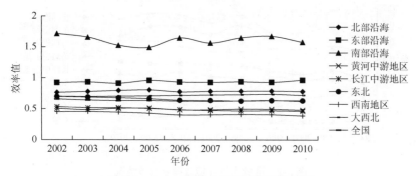

图 5-1　八大区域的大气环境效率的均值

---

① 南部沿海地区包括福建、广东、海南；北部沿海地区包括北京、天津、河北、山东；东部沿海地区包括上海、江苏、浙江；黄河中游地区包括内蒙古、河南、山西、陕西；长江中游地区包括湖北、湖南、安徽、江西；东北地区包括辽宁、吉林、黑龙江；西南地区包括广西、四川、重庆、云南、贵州；大西北地区包括甘肃、青海、宁夏、新疆。

5.3.4　大气环境效率的收敛性分析

从上述分析可见，中国各省份的大气环境效率差别较大，存在着较强的地域性特征，为了解省际差距的演变过程，这里采用变异系数检验不同省份大气环境效率的 σ 收敛情况。

$$\sigma_t = \dfrac{\left\{N^{-1}\sum_{m=1}^{N}\left[EE_m(t)-\left(N^{-1}\sum_{m=1}^{N}EE_m(t)\right)\right]^2\right\}^{\frac{1}{2}}}{N^{-1}\sum_{m=1}^{N}EE_m(t)} \tag{5-2}$$

其中，$EE_m(t)$ 表示第 m 个省份在 t 年份的大气环境效率值；N 为省份数量。

根据上式，可计算得到全国及各区域的大气环境效率的 σ 值（图 5-2）。从全国来看，2002~2010 年间的 σ 值呈现波动式上涨。其中，在 2005 年，σ 值出现了明显的上涨，该情况与《2005 年环境状况公报》关于"城市空气质量总体改善，但山西、甘肃、贵州、湖北、湖南等地区相对其他地区仍污染严重"的描述基本一致。此外，各省际 σ 值 2008 年后逐渐下降，说明各省的大气环境效率值的差距有减小的趋势。这可能与国家高度关注大气环境有关。2006 年的第六次全国环境保护大会指出，要从"重经济增长轻环境保护"转变为"保护环境与经济增长并重"，同时，"十一五"规划中对于具体的大气污染物（SO_2、NO_x 等）的减排工作也给出了明确的指标。

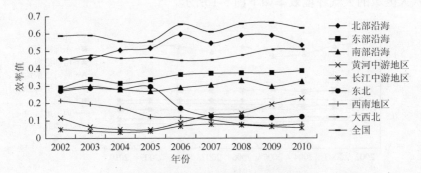

图 5-2　区域大气环境效率 σ 收敛情况

按分区域内部差别来看，北部沿海的 σ 值波动情况与全国的 σ 值变化基本一致。东部沿海的 σ 值缓慢上涨，这说明东部沿海区域内的大气环境效率的差距在逐渐增大，主要原因在于，"十一五"规划期间，尽管东部地区的大气环境效率逐渐得到改善，但上海市的改善幅度明显比江浙两省高。南部沿海地区的 σ 值在

2002～2010 年出现了略微波动，但基本保持平稳。黄河中游地区以 2005 年为分界线，σ 值先收敛后发散。其主要原因在于，内蒙古的大气环境效率在逐渐改善的同时，山西、河南的环境效率却在持续下降，这和一些科学家的结论一致[19]。东北地区在 2005 年后呈现出显著的 σ 收敛，主要缘于辽宁、黑龙江的大气环境效率快速下降，降低了区域间的差距。造成这一现象的原因，一是因为东北老工业基地的产业结构升级更新缓慢；另外，东北振兴规划虽然加大了资本投资，促进了经济增长，但有待加大环境防治的工作力度，研究结论与一些研究成果一致[20]。此外，西南地区的内部差距逐渐收敛，长江中游地区、大西北地区的 σ 值基本处于平稳状态。

5.4　大气环境效率影响因素

5.4.1　变量选择

由 Super-SBM 模型测算得到的大气环境效率，受到 DEA 模型中的投入产出指标等因素的影响。目前研究集中在环境效率影响因素，但对大气环境效率影响因素的研究较少。人均 GDP、第三产业占比、市场化率、排污费用收入等对环境效率有重要的影响作用[21]；人均 GDP 对环境效率的改善有正面的作用，产业结构对环境有负面作用[22]；经济发展、产业制度、创新效率、能源强度、禀赋结构等对能源—经济—环境效率有显著作用[23]；经济规模、对外开放度、政府规制对环境效率的影响作用[24]。这些研究都考虑了经济发展和产业结构两个指标。此外，由于这里的研究对象是大气污染，而大气污染物主要来源于能源消耗的排放。且庄国顺认为，汽车保有量是北京大气污染日益严重的主要原因[25]。所以这里选取了能源结构以及汽车保有量作为影响因素。具体设定和预判如下：

（1）经济发展。采用人均 GDP 的对数值。经济发展对于大气环境的影响可以从两个方面进行讨论。一方面，根据环境库茨涅茨理论[26]，当居民收入提高时，就会增加对生活环境的要求，从而增加对环境治理的意愿和投资。另一方面，居民收入高的地区较多使用高效清洁型能源。因此，预期人均 GDP 增加能够提高大气环境效率。

（2）产业结构。采用第二产业（工业）占比来表示产业结构。当工业占比降低时，工业污染自然减轻，大气环境效率相应提高。因此预期产业结构（第二产业占比）对于环境效率有负向影响。

（3）能源结构。采用各省煤炭消费量占能源消费总量的比率。通过对比发现，相对于天然气和石油等主要能源而言，煤炭的污染强度最大，因此预测能源结构对环境效率有负向影响。

（4）汽车保有量。使用民用汽车拥有量的对数。预计汽车保有量对环境效率有负向影响。

5.4.2 估计结果和分析

由于 DEA 模型测算得到的效率值是大于 0 的有界变量，若采用普通最小二乘法来估计，估计结果可能有偏。Tobit 模型是解释变量受到限制的一种模型。当解释变量是离散数据或受限制的连续数据时，采用 Tobit 模型可以避免由于数据的不完整性所产生的偏差。因此选取 Tobit 模型作为分析模型。该模型由 Tobin 提出[27]，此后将 DEA 效率评估和 Tobit 回归分析影响因素相结合，形成 DEA 的两阶段分析法[28]。本章采用大气环境效率作为因变量，自变量取上述的 4 个指标。

$$EE_i = C + \beta_1 \ln GDP_i + \beta_2 \cdot FI + \beta_3 \ln Car_i + \beta_4 Coal_i + \varepsilon_i$$
$$EE_i = \max(0, EE_i^*)$$

$$(5\text{-}3)$$

式中，EE_i^* 为潜变量；ε_i 为随机误差项，结果见表 5-2。

表 5-2 Tobit 模型回归结果

影响因素	简称	系数	误差项	T 值	P 值
人均 GDP	lnGDP	0.3722567	0.0417096	8.92	0
第二产业占比	FI	−0.0136304	0.0031324	−4.35	0
对数化汽车保有量	lnCar	−0.2168682	0.0289086	−7.5	0
煤炭消耗量占比	Coal	−0.494641	0.1011699	−4.89	0
常数项	C	−0.913234	0.3563397	−2.56	0.011
最大似然值	−82.076339				
LR chi2（5）	162.75				

注：所有估计系数在 5% 水平上显著。

由表 5-2 可知，所有自变量都通过了显著性检验，表示这些因素对大气环境效率存在一定程度的影响。首先，人均 GDP 增加能够改善大气环境效率，即经济发展对于大气环境的影响是正面的。这也说明，随着我国经济的高速发展，居民的环保意识也在不断地加强，更倾向于使用高清洁能源、增加环保投入，且人均环境效率系数高达 0.37，这一结论与多数学者的研究一致[29~30]。

其次，产业结构（第二产业占比）对环境效率有负面影响，这与吴琦、汪克亮等大多数学者的研究结果是一致的[31~32]。说明我国的第二产业占比相比其他发达国家高，此外，中西部地区的工业技术水平相对较低，导致大气环境效率恶化。

　　第三，能源结构对大气环境效率的负面影响较大，煤炭消耗量比重每上升 1 个百分点，大气环境效率下降 0.49 个百分点。此外，河北、山东、山西等煤炭消费大省的大气环境效率较低，也验证了这一结论。这也从另一个方面论证了电力消耗占比表示的能耗结构对效率有正面作用[33]。我国现阶段使用的主要能源仍为化石能源，且煤炭占比高达 70% 以上，对大气环境污染的影响较大。因此，要提高大气环境效率，不仅要调整产业结构，严格控制高能耗企业数量，还要使用清洁能源，提高能源利用效率。

　　最后，汽车保有量对于大气环境效率也有着显著的负效应。未来汽车尾气甚至有可能代替煤炭污染成为城市的主要大气污染源[34]。因此，在发展新能源汽车、控制燃油汽车数量的同时，要大力发展公共交通。

5.5　结论与政策建议

　　本章以 2002～2010 年我国的 30 个省市面板数据为样本，运用规模报酬可变的 Super-SBM 模型，将能源消耗、人力资本、固定投资、$PM_{2.5}$ 浓度作为投入要素，实际 GDP 为产出，测算了我国各省市的大气环境效率，并进一步将效率值作为因变量，运用 Tobit 模型研究了大气环境效率的影响因素，主要结论如下：

　　（1）我国大气环境效率呈现明显的区域性差异。沿海地区凭借优越的地理位置、较好的经济条件，大气环境效率显著高于其他内陆地区。黄河中游地区和长江中游地区的大气环境效率总体偏低，主要由于该区域的重污染产业较多，技术水平比沿海地区落后，资源配置能力和污染治理能力偏低。

　　（2）就全国而言，大气环境效率的 σ 值在 2002～2010 年内呈现波动式上升，2008 年后出现了下降的趋势。北部沿海的 σ 值波动情况与全国变化基本一致，东部沿海的 σ 值缓慢上涨。南部沿海地区、长江中游地区、大西北地区 σ 值相对平稳。黄河中游地区以 2005 年为分界线，σ 值先收敛后发散。西南地区的 σ 值逐渐收敛。

　　（3）通过影响因素的分析发现，人均 GDP 对大气环境效率具有正面影响。经济发展，产业结构、能源结构、汽车保有量对大气环境效率都有显著的负面影响。在其他影响因素不变的条件下，第二产业占比、煤炭能耗占比和汽车保有量的对数值每增加 1 个百分点，大气环境效率将分别下降 0.013、0.49 和 0.21 个百分点。

　　根据以上结论，可得到 3 点政策启示。

　　（1）根据不同区域的特征，采取有差别的大气环境治理策略。对于东部沿海、南部沿海、北部沿海区域，政府应采取积极的引导政策和措施。加强发达省市与周边地区的产学研的合作，鼓励上海、北京、天津、广东等大气环境效率较高省份向周边大气环境效率较弱的地区（如安徽、山东、广西、河北等）输出先进技术和环境治理经验，以辐射作用带动提高这些区域的环境效率。其次，对于重污染、高能耗的黄河中游地区、长江中游地区、东北地区、西南地区，可以借鉴排污权交易的环境规制方式[35]，制定排污收费政策和许可证制度政策，逐渐淘汰落后重工业产业（如钢铁、煤炭、化工等）以及低效产能，进而促进传统产业优化升级。最后，对于大西北地区，一方面，政府应引导发达地区（如北京、上海、广东等）的人才和技术流入，提高生态环境管理创新能力，构建环境保护、能源节约的工业体系；另一方面，基于生态环境优美、资源丰富的优势，可大力发展文化、旅游等服务性产业，尽可能减少环境污染。

（2）优化产业结构。加大工业环保技术的科研投入，通过产学研合作，不断推动节能减排的技术创新，减少污染物（如 NO_x、SO_2、CO_2 等）排放量。其次，发展清洁能源产业、高新技术产业、服务业等环保型产业，减少工业占总产业比重，逐步建立低碳环保的产业结构。此外，制定并严格执行大气污染重点产业（如钢铁、石化、煤炭等）的准入门槛，根据区域特征严格控制区域内"双高"企业数量，对于一些高能耗、高污染、低效益企业采取关闭或停业治理的措施。

（3）调整能源结构。调整能源结构是减轻大气污染的关键。目前我国煤炭能耗占比超过 70%，天然气占比不足 6%。关键在于减少煤炭的使用，提高核能、风能等清洁型能源消耗比重。要实现这一点，需要长期有效的经济机制的支撑。有的学者提出提高煤炭相关的税收（如碳税、硫税、资源税等）以改善能源结构，也是一种思路[36-37]。短期来看，加大使用优质煤，减少有害物质的排放，是降低污染强度的有效方法。

（4）发展公共交通，适度控制汽车保有量。政府应加大对公共交通的投入，并优先发展轨道交通，一方面减少对石油等污染型能源的消耗，另一方面间接地降低居民对私人汽车的需求。其次，对于目前较高的汽车保有量，政府应不断完善规范机动车的各类排放法，推进汽车尾气排放的净化处理技术创新，大力推广如压缩的天然气、乙醇汽油等新型清洁型燃料。短期可以采用单双号限行，限购以及对购买新能源汽车给予补贴的方式，合理控制汽车保有量，且该方法已在多省市（如北京、上海、江苏、浙江等）实行。总之，须多部门协作、多管齐下，才能有效减少环境污染，最终提高各省份的环境绩效。

参 考 文 献

[1]　Zaim O, Taskin F. Environmental efficiency in carbon dioxide emissions in the OECD: a non-parametric approach
　　　[J]. resource and energy economics, 2001, 1 (23): 63-83.

[2]　Zhou P, Ang B W, Poh K L. Slacks-based efficiency measures for modeling environmental performance[J].
　　　Ecological Economics, 2010, 60 (1): 111-118.

[3]　Lee T, Yeo G T, Thai V V. Environmental efficiency analysis of port cities: Slacks-based measure data envelopment
　　　analysis approach[J]. Transport Policy, 2014, 33 (4): 82-88.

[4] 杨青山，张郁，李雅军. 基于 DEA 的东北地区城市群环境效率评价[J]. 经济地理，2012，32（9）：51-60.

[5] 李静，程丹润. 中国区域环境效率差异及演进规律研究—基于非期望产出的 SBM 模型的分析[J]. 工业技术经济，2008，27（11）：100-104.

[6] 胡达沙，李杨. 环境效率评价及其影响因素的区域差异[J]. 财经科学，2012（4）：116-124.

[7] Reinhard S，Lovell C A K，Thijssen G J. Environmental efficiency with multiple environmentally detrimental variables：estimated with SFA and DEA[J]. European Journal of Operational Research，2000，121：287-303.

[8] Hailu A，Veeman T S. Non-parametric productivity analysis with undesirable outputs：An application to the Canadian pulp and paper industry[J]. American Journal of Agricultural Economics，2001（83）：605-616.

[9] Ramanathan R. An analysis of energy consumption and carbon dioxide emission in countries of the middle East and north Africa[J]. Energy，2005，30（15）：2831-2842.

[10] 王俊能，许振成，胡习邦，等. 基于 DEA 理论的中国区域环境效率分析[J]. 中国环境科学，2010，30（4）：565-570.

[11] 金玲，杨金田. 基于 DEA 方法的中国大气环境效率评价研究[J]. 环境与可持续发展，2014（2）：19-23.

[12] 王波，杨金田. 环境约束下不同生产效率模型研究[J]. 系统工程理论与实践，2002（1）：1-8.

[13] Charnes A，Cooper W W，Rhodes E. Measuring the efficiency of decision making units[J]. European Journal of Operational Research，1978，2（6）：429-444.

[14] Tone K. A slacks-based measure of efficiency in data envelopment analysis[J]. European Journal of Operational Research，2001，130（3）：498-509.

[15] Tone K. A Slacks-based measure of super-efficiency in data envelopment analysis[J]. European Journal of Operational Research，2002，143（1）：32-41.

[16] 曾贤刚. 中国区域环境效率及其影响因素[J]. 经济理论与经济管理，2011（10）：101-110.

[17] 袁晓玲，张宝山，杨万平. 基于环境污染的中国全要素能源效率研究[J]. 中国工业经济，2009（2）：76-86.

[18] Hu J L，Wang S C. Total-factor energy efficiency of regions in China[J]. Energy Policy，2006，34（17）：3206-3217.

[19] 杨俊，邵汉华，胡军. 中国环境效率评价及其影响因素实证研究[J]. 中国人口·资源与环境，2010，20（2）：49-55.

[20] 宋梅秋. 东北地区经济协调发展与产业结构调整战略研究[D]. 吉林：吉林大学，2009：116-133.

[21] 程丹润. 环境约束下的中国区域效率差异及影响因素研究[D]. 安徽：合肥工业大学，2008：32-41.

[22] 苑清敏，申婷婷，邱静. 中国三大城市群环境效率差异及影响因素[J]. 城市问题，2015（7）：10-18.

[23] 雷明，虞晓雯. 资本跨期效应下中国区域能源—经济—环境效率研究[J]. 经济理论与经济管理，2013（11）：5-17.

[24] 李静. 中国区域环境效率的差异与影响因素研究[J]. 南方经济，2009（12）：24-38.

[25] 庄国顺. 把霾危机归结为"气象原因"或者"自然原因"，不是无知就是别有用心[N]. 文汇报，2014-1-10（12）.

[26] Panayotou T. Empirical tests and policy analysis of environmental degradation at different stages of economic development[J]. Working Paper WP238，Technology and Employment Programme，International Labor Office，Geneva，1993.

[27] Tobin J. Estimation of relationships for limited dependent variables[J]. The Econometric Society，1958，26（1）：24-36.

[28] Coelli T，Rao DSP，et al. An introduction to efficiency and productivity analysis[M]. 1th. New York：Kluwer Academic Publishers，1998：161-181.

[29] 白永平，张晓州，郝永佩，等. 基于 SBM-Malmquist-Tobit 模型的沿黄九省（区）环境效率差异及影响因素

分析[J]. 地域研究与开发，2013，32（2）：90-95.

[30] 陈浩，陈平，罗艳. 京津冀地区环境效率及其影响因素分析[J]. 生态经济，2015，（31）8：142-150.

[31] 吴琦，武春友. 基于 DEA 的能源效率评价模型研究[J]. 管理科学，2009，22（1）：103-112.

[32] 汪克亮，杨宝臣，杨力. 中国省际能源利用的环境效率测度模型与实证研究[J]. 系统工程，2011，29（1）.

[33] 魏楚，沈满洪. 能源效率及其影响因素：基于 DEA 的实证分析[J]. 管理世界，2007（8）：66-7.

[34] 范秀英，张薇，韩圣慧. 我国汽车尾气污染状况及其控制对策分析[J]. 环境科学，1999（5）：66-7.

[35] 郭际，刘慧，吴先华，等. 基于 ZSG-DEA 模型的大气污染物排放权分配效率研究[J]. 中国软科学，2015（11）：176-185.

[36] 蔡璐. 基于超效率 SBM 的工业环境绩效测度及影响因素研究[D]. 湖南：湖南大学，2014：28-32.

[37] 魏巍贤，马喜立. 能源结构调整与雾霾治理的最优政策选择[J]. 中国人口.资源与环境，2015，25（7）：6-14.

第6章　基于重点监测城市的环境绩效评价研究

随着经济的快速发展，我国城市的环境污染问题日益严重，且环境污染呈现区域性差异。但目前很少见到针对环保重点监测城市环境绩效及区域性差异的综合评价。本章运用数据包络分析方法（DEA），同时将 $PM_{2.5}$ 和 PM_{10} 等空气污染物作为非期望产出，从自然绩效、管理绩效和规模绩效 3 个方面对中国 109 个环保重点监测城市及区域间的环境绩效进行评价。结果发现：①目前大部分城市的自然绩效较高，但管理绩效明显偏低。②我国城市间经济发展水平与环境保护水平差距较大，规模较大城市的环境绩效总体优于规模较小的城市。规模较大的城市，如北京、上海、广州、深圳等效率值较高且为 1；规模较小的城市，如三门峡、保定、牡丹江、平顶山等效率值较小且接近于 0，说明大城市的环境绩效更高。③从区域角度来看，中国区域间的环境绩效水平很不平衡，泛珠三角区域的环境绩效水平优于泛长三角区域和大环渤海区域。南部沿海经济区、东部沿海综合经济区、长江中游综合经济区的效率均值高于其他区域。最后本章提出了相应的对策建议。本章所采用的方法可以为城市的绩效评估提供参考，所得到的评价结果能够反映出中国环保重点监测城市及各区域环境绩效水平的差异，可为城市及区域的环境均衡发展提供参考。

随着我国经济的快速发展，空气污染也日益加重，以 $PM_{2.5}$ 和 PM_{10} 为代表的空气污染受到了社会各界的广泛关注。美国耶鲁大学发布的《2016 年环境绩效指数报告》[1]对全球 180 个国家的空气质量做了一个排名，中国排名倒数第 2。其中中国的 NO_2 平均值为 15.29（全球倒数第 5），中国的 $PM_{2.5}$ 平均值为 2.256（全球倒数第 1），中国的 $PM_{2.5}$ 超标指数为 0 分（全球倒数第 2）。此外，据世界卫生组织数据显示，中国每年因环境污染死亡的人数近 240 万人，其中因室外空气污染（城市平均 PM_{10} 值为 $80\mu g/m^3$）死亡人数近 30 万人[2]。由此可见，中国空气污染问题极其严重，而针对空气污染的环境绩效研究也显得十分的重要和迫切。

但大多研究以省份作为研究单元，这对于评估中国的城市、区域乃至总体的环境绩效具有一定的局限性。而且，目前大多数研究将 CO_2、SO_2、NO_x、$PM_{2.5}$ 等单一空气污染物作为非期望产出，很少见到以环保重点监测城市为研究单元的 $PM_{2.5}$ 和 PM_{10} 等非期望产出的环境绩效研究，也很少有文献分析环境污染的区域

---

[1] http://research.iae.ac.cn/web/ShowArticle.asp? ArticleID = 5399.

[2] http://www.who.int/quantifying_ehimpacts/national/countryprofile/china.pdf? ua = 1.

性差异。因此，本章采用 DEA 方法，综合考虑 $PM_{2.5}$ 和 PM_{10} 等非期望产出，从自然绩效、管理绩效和规模绩效 3 个方面对全国 109 个环保重点监测城市①的环境绩效开展综合评价，并进一步分析各区域间环境绩效的差异性。

6.1　国内外研究进展

近年来，采用 DEA 模型评估环境绩效已经成为主流做法，有很多学者运用 DEA 方法评估环境污染问题，根据研究对象可以将现有文献分为两类。

（1）将 CO_2、SO_2 和氮氧化物、废气、废水、废物作为非期望产出，此类研究着重分析了传统的空气污染物对能源效率和环境绩效的影响。许多学者运用 DEA 方法，将 CO_2、SO_2 和氮氧化物、废气等作为非期望产出，研究了能源效率相关问题[1~6]。利用 REES（regional environmental efficiency SBM）模型，将污染物作为非期望产出研究了 2005~2011 年中国 30 个省会的环境绩效，结果表明能源强度对环境绩效有负面影响[7]；将 CO_2 排放量视为非期望产出，研究 OECD（Organization for Economic Co-operation and Development）国家的环境绩效和监管标准[8]；在此基础选取 NO_x、SO_2 以及 CO_2 排放量作为非期望产出指标，评价了 OECD 国家港口城市的环境绩效[9]；较前者而言，该方法综合考虑了多种空气污染物，更加准确、全面的衡量了 OECD 国家港口城市的环境绩效。有研究对环境绩效评价模型 ISBM-DEA（improved slacks based measure-data envelopment analysis）进行了改进，在此基础上对中国 30 个地区 2009 年环境绩效进行了实证研究[10]，考虑 SO_2、CO_2 等污染物对经济发展的负面影响，将非期望产出作为经济发展的约束条件，并对其进行了约束。将污染物排放量作为非期望产出指标，使用 DEA-SBM（slacks based measure）模型评价了东北地区城市群的环境绩效[11]；运用 SEDEA（super-efficiency data envelopment analysis）模型，选用中国 30 个省 2000~2010 年期间的数据研究中国环境措施的效率[12]，研究表明当前中国区域环境绩效差异明显，东部的环境绩效明显优于中、西部地区。另外，其他学者也将 CO_2、SO_2 和氮氧化物、废气、废物作为非期望产出，对环境绩效的评估和区域环境绩效差异分析做了大量的研究[13~17]。

（2）在考虑传统污染物的基础上，将 $PM_{2.5}$ 和 PM_{10} 作为研究指标。如用 DEA 方法，将 $PM_{2.5}$ 和 PM_{10} 等指标作为非期望产出，评估了中国 28 个省会城市的环境绩效[18]；运用基于非径向非角度的 SBM 模型，将雾霾前驱物作为非期望产出

---

① 109 个城市为《中国统计年鉴》标注的全国环保重点监测城市（不包含拉萨、海口、南充、铜川，其中南充、铜川数据缺失）。

纳入全要素能源效率框架中，对京津冀地区 2003～2012 年全要素能源效率进行测算，并采用面板 Tobit 模型对能源效率的影响因素进行分析[19]；将雾霾纳入环境技术效率研究框架，构建了考虑非期望产出的 SBM 区间模型，测算了 2001～2012 年雾霾约束下中国省际区间环境技术[20]；利用零和收益 DEA 模型（zero-sum gains data envelopment analysis，ZSG-DEA），探讨总量目标固定前提下的 $PM_{2.5}$ 排放权的省际分配效率[21]。

由此可见，多数学者多将 CO_2、SO_2、NO_x、废气、废水和废物作为非期望产出进行研究，很少有人把 $PM_{2.5}$ 和 PM_{10} 同时作为非期望产出评估环境绩效，多数研究也只把省份作为研究单元，这对于评估各地区乃至全国的环境绩效具有一定的局限性。因此本章通过运用 DEA 环境绩效评价模型，将 $PM_{2.5}$ 和 PM_{10} 作为非期望产出，从自然绩效、管理绩效和规模绩效 3 个方面对全国 109 个环保重点监测城市的环境绩效开展综合评价，并对区域差异性进行分析。

6.2　模　型　说　明

本章采用 Toshiyuki Sueyoshi 提出的 DEA 环境绩效评估模型，从自然绩效、管理绩效和规模绩效 3 个方面对环境绩效开展综合评价，适合当下中国城市经济发展水平不一、城市规模不同和地区差异明显的现状，能更准确地对 109 个环保重点监测城市以及不同区域进行环境绩效评价。

DEA 环境绩效评估模型如下：

首先，分析在规模收益可变情况下自然处置性 $P_V^N(X)$、规模损失可变的情况下管理处置性 $P_V^M(X)$、规模收益不变情况下自然处置性 $P_C^N(X)$ 和规模损失不变的情况下管理处置性 $P_C^M(X)$。

$$P_V^N(X) = \left\{ (G,B) : G \leqslant \sum_{j=1}^n G_j \lambda_j, B \geqslant \sum_{j=1}^n B_j \lambda_j, X \geqslant \sum_{j=1}^n X_j \lambda_j, \sum_{j=1}^n \lambda_j = 1 \,\&\, \lambda_j \geqslant 0 \right\}$$

$$(6\text{-}1)$$

$$P_V^M(X) = \left\{ (G,B) : G \leqslant \sum_{j=1}^n G_j \lambda_j, B \geqslant \sum_{j=1}^n B_j \lambda_j, X \leqslant \sum_{j=1}^n X_j \lambda_j, \sum_{j=1}^n \lambda_j = 1 \,\&\, \lambda_j \geqslant 0 \right\}$$

$$(6\text{-}2)$$

$$P_C^N(X) = \left\{ (G,B) : G \leqslant \sum_{j=1}^n G_j \lambda_j, B \geqslant \sum_{j=1}^n B_j \lambda_j, X \geqslant \sum_{j=1}^n X_j \lambda_j, \lambda_j \geqslant 0 \right\} \quad (6\text{-}3)$$

$$P_C^M(X) = \left\{ (G,B) : G \leqslant \sum_{j=1}^n G_j \lambda_j, B \geqslant \sum_{j=1}^n B_j \lambda_j, X \leqslant \sum_{j=1}^n X_j \lambda_j, \lambda_j \geqslant 0 \right\} \quad (6\text{-}4)$$

其中，$X \in R_+^m$ 表示一个投入要素；$G \in R_+^s$ 表示一个期望产出要素；$B \in R_+^h$ 表示一个非期望产出要素。自然处置性与管理处置性的不同之处在于，在自然处置性条件下将首先考虑技术效率（即我们常说的生产效率），然后考虑环境绩效；在管理处置性的情况下，将首先考虑环境绩效，然后考虑技术效率；

然后，假设一个评价系统中有 n 个决策单元，每个决策单元中都有 m 种投入要素、s 种期望产出和 h 种非期望产出。表示为 $X_j = (x_{1j}, x_{2j}, \cdots, x_{mj})^T$、$G_j = (g_{1j}, g_{2j}, \cdots, g_{sj})^T$ 和 $B_j = (b_{1j}, b_{2j}, \cdots, b_{hj})^T$，利用投入、期望产出与非期望产出评估决策单元的产出效应，通过分析决策单元的产出效应，来评价在自然和管理条件下决策单元的综合效应。再将某一决策单元与其他决策单元相比较，找到综合效应较低的决策单元。

6.2.1 自然绩效

（1）规模收益可变条件下自然绩效

$$\max\left\{\xi + \varepsilon\left[\sum_{i=1}^m R_i^x d_i^x + \sum_{r=1}^s R_r^g d_r^g + \sum_{f=1}^h R_f^b d_f^b\right]\right\}$$

其中，

$$\sum_{j=1}^n x_{ij}\lambda_j + d_i^x = x_{ik}$$

$$\sum_{j=1}^n g_{ij}\lambda_j - d_r^g - \xi g_{rk} = g_{rk}$$

$$\sum_{j=1}^n b_{fj}\lambda_j + d_f^b + \xi b_{fk} = b_{fk}$$

$$\sum_{j=1}^n \lambda_j = 1 \tag{6-5}$$

$$\lambda_j \geqslant 1 (j = 1, \cdots, n), \xi : URS$$

$$d_i^{x+} \geqslant 0 (i = 1, \cdots, m)$$

$$d_i^{x-} \geqslant 0 (i = 1, \cdots, m)$$

$$d_r^g \geqslant 0 (r = 1, \cdots, s)$$

$$d_f^b \geqslant 0 (f = 1, \cdots, h)$$

假设第 K 个决策单元的效率值是无效的，那么该决策单元的效率值为：

$$UEN_V = 1 - \left[\xi + \varepsilon\left(\sum_{i=1}^m R_i^x d_i^{x*} + \sum_{r=1}^s R_r^g d_r^{g*} + \sum_{f=1}^h R_f^b d_f^{b*}\right)\right] \tag{6-6}$$

（2）规模收益不变条件下自然绩效

规模收益不变条件下自然绩效，即从（6-5）式的约束条件中减去条件 $\sum_{j=1}^{n}\lambda_j = 1$：

$$UEN_C = 1 - \left[\xi + \varepsilon\left(\sum_{i=1}^{m}R_i^x d_i^{x*} + \sum_{r=1}^{s}R_r^g d_r^{g*} + \sum_{f=1}^{h}R_f^b d_f^{b*}\right)\right] \qquad (6\text{-}7)$$

（3）自然绩效下的规模效率

为了研究各城市的规模效应，用规模收益不变条件下自然绩效与规模收益可变条件下自然绩效的比值表示该城市的规模绩效：

$$SEN = UEN_C / UEN_V \qquad (6\text{-}8)$$

若 SEN 的值越高，则表明在自然绩效下决策单元的规模绩效越高。

6.2.2　管理绩效

（1）规模损失可变条件下管理绩效

$$\max \xi + \varepsilon\left[\sum_{i=1}^{m}R_i^x d_i^x + \sum_{r=1}^{s}R_r^g d_r^g + \sum_{f=1}^{h}R_f^b d_f^b\right]$$

其中，

$$\sum_{j=1}^{n}x_{ij}\lambda_j - d_i^x = x_{ik}$$

$$\sum_{j=1}^{n}g_{ij}\lambda_j - d_r^g - \xi g_{rk} = g_{rk}$$

$$\sum_{j=1}^{n}b_{fj}\lambda_j + d_f^b + \xi b_{fk} = b_{fk}$$

$$\sum_{j=1}^{n}\lambda_j = 1 \qquad (6\text{-}9)$$

$$\lambda_j \geqslant 1(j = 1,\cdots,n), \xi : URS$$

$$d_i^{x+} \geqslant 0(i = 1,\cdots,m)$$

$$d_i^{x-} \geqslant 0(i = 1,\cdots,m)$$

$$d_r^g \geqslant 0(r = 1,\cdots,s)$$

$$d_f^b \geqslant 0(f = 1,\cdots,h)$$

假设第 K 个决策单元的效率值是无效的，那么该决策单元的效率值为：

$$UEM_V = 1 - \left[\xi + \varepsilon\left(\sum_{i=1}^{m}R_i^x d_i^{x*} + \sum_{r=1}^{s}R_r^g d_r^{g*} + \sum_{f=1}^{h}R_f^b d_f^{b*}\right)\right] \qquad (6\text{-}10)$$

（2）规模损失不变条件下管理绩效

规模损失不变条件下管理绩效，即从（6-9）式的约束条件中减去条件 $\sum_{j=1}^{n}\lambda_j=1$

$$UEM_C = 1 - \left[\xi + \varepsilon\left(\sum_{i=1}^{m}R_i^x d_i^{x*} + \sum_{r=1}^{s}R_r^g d_r^{g*} + \sum_{f=1}^{h}R_f^b d_f^{b*} \right) \right] \tag{6-11}$$

（3）管理绩效下的规模绩效

相应的，为了研究各城市的规模绩效，即用规模损失不变条件下管理绩效与规模损失可变条件下管理绩效的比值表示该城市的规模绩效：

$$SEM = UEM_C / UEM_V \tag{6-12}$$

若 SEM 的值越高，则表明在管理绩效下决策单元的规模绩效越高。

6.3　符　号　说　明

$X_j = (x_{1j}, x_{2j}, \cdots, x_{nj})^{\mathrm{T}}$ 为第 j 个决策单元的 m 种投入要素的列向量；$G_j = (g_{1j}, g_{2j}, \cdots, g_{nj})^{\mathrm{T}}$ 为第 j 个决策单元的 s 种期望产出的列向量；$B_j = (b_{1j}, b_{2j}, \cdots, b_{nj})^{\mathrm{T}}$ 为第 j 个决策单元的 h 种非期望产出的列向量；$d_i^x \geqslant 0$ 为第 i 种投入要素的一个未知的松弛变量；$d_r^g \geqslant 0$ 为第 r 种期望产出的一个未知的松弛变量；$d_f^b \geqslant 0$ 为第 f 种非期望产出的一个未知的松弛变量；$\lambda = (\lambda_1, \lambda_2, \cdots, \lambda_n)^{\mathrm{T}}$ 为强度系数的一个未知的列向量；$R_i^x = (m+s+h)^{-1}(\max\{x_{ij}|j=1,\cdots,n\} - \min\{x_{ij}|j=1,\cdots,n\})^{-1}$，与第 i 种投入要素相关的数据范围 $(i=1,\cdots,m)$；$R_r^g = (m+s+h)^{-1}(\max\{g_{rj}|j=1,\cdots,n\} - \min\{g_{ij}|j=1,\cdots,n\})^{-1}$，与第 r 种期望产出相关的数据范围 $(r=1,\cdots,s)$；$R_f^b = (m+s+h)^{-1}(\max\{b_{fj}|j=1,\cdots,n\} - \min\{b_{fj}|j=1,\cdots,n\})^{-1}$，与第 f 种非期望产出相关的数据范围 $(f=1,\cdots,h)$；ε 为人为规定的一个非常小的数，取 0.0001；ξ 为由 DEA 模型决定的一个系统外的未知的低效率值。

6.4　指标与数据说明

6.4.1　指标说明

在 DEA 环境绩效评估模型中，产出分为期望产出和非期望产出。如附录中附表 6-1 所示，很多学者都将 GDP 作为期望产出，因为 GDP 是在一定时期内地区生产活动的最终成果，可以较好地表示区域经济发展水平，因此将 GDP 作为期望产出。在考虑传统污染物的基础上综合考虑 $PM_{2.5}$ 和 PM_{10} 因素，同时考虑到数据的可获得性，将国家统计局对 109 个环保重点监测城市的重点监测指标 NO_2、SO_2、$PM_{2.5}$、PM_{10} 作为非期望产出。将年末人口总数、污染治理投资、全社会用电量和人均居民消费总支出作为投入指标，其中年末人口总数和城市的规模大小相关，影响城市的规模效率，全社会用电量和人均居民消费总支出与经济发展水平有关，因此很多研究将这 3 个指标作为投入指标。此外，污染治理投资直接影响环境保护效率，因此本章也将污染治理投资作为投入指标。具体指标说明如下：

投入指标：①年末人口总数：指每年 12 月 31 日 24 时的人口数，单位为万人。②污染治理投资：一定时间内、一定地区范围内治理污染的投入，单位为万元。③全社会用电量：各市一年内的消耗总量，单位为万千瓦时。④人均居民消费支出：居民人均用于满足家庭日常生活消费需要的全部支出，单位元。

期望产出指标：GDP：指本地区所有常住单位在一定时期内生产活动的最终成果，单位亿元。

非期望产出指标：①PM_{10} 年平均浓度，单位 $\mu g/m^3$，PM_{10} 指粒径小于等于 $10\mu m$ 的颗粒物。②$PM_{2.5}$ 年平均浓度，单位 $\mu g/m^3$，$PM_{2.5}$ 指环境空气中空气动力学当量直径小于等于 $2.5\mu m$ 的颗粒物。③NO_2：年平均浓度，单位 $\mu g/m^3$。④SO_2 年平均浓度，单位 $\mu g/m^3$。

6.4.2　数据说明

本章采用全国 109 个环保重点监测城市 2014 年面板数据（表 6-1）。其中，PM_{10}、$PM_{2.5}$、NO_2、SO_2 数据来源于《中国统计年鉴 2015》，污染治理投资数据来源于《中国城市年鉴 2015》，年末人口总数、全社会用电量和 GDP 数据来源于《中国城市统计年鉴 2015》。人均居民消费支出数据来源于各省 2015 年统计年鉴，由于统计年鉴中未给出部分城市具体的人均居民消费支出数据，因此部分城市的人均居民消费支出数据通过查询该市 2015 年统计公报后加权平均得到。

表 6-1　109 个环保重点监测城市 2014 年数据描述

	指标	单位	最大值	最小值	平均值	标准差
投入	年末人口总数	万人	1943.9	23.2	240.85	272.6
	污染治理投资	万元	633 442.9	15	57 916.22	80 358.01
	全社会用电量	万千瓦时	13 465 607	93 942	1 725 849.2	2 089 113.6
	人均消费支出	元	33 064.8	4195.22	15 984.25	5444.74
期望产出	GDP	10 万元	232 920 300	166 001	27 512 453	40 445 118
非期望产出	PM_{10}	$\mu g/m^3$	224	47	109.22	33.25
	$PM_{2.5}$	$\mu g/m^3$	129	29	64.53	19.12
	NO_2	$\mu g/m^3$	67	14	39.62	10.43
	SO_2	$\mu g/m^3$	123	8	37.37	20.31

6.5 实 证 结 果

（1）从规模收益可变条件下的自然绩效来看（附表 6-2），各城市的自然绩效值均大于 0.2，大部分城市的绩效值集中为 0.600～1.000。南部沿海城市自然绩效普遍较高，但河北、山东、河南等省份的部分城市的自然绩效值较低。自然绩效最高的城市为北京、大连、牡丹江、上海、福州、深圳、珠海等，且绩效值为 1。自然绩效最低的城市为保定，绩效值为 0.318。

（2）从规模收益不变条件下的自然绩效来看（附表 6-2），自然绩效最高的城市为大连、上海、广州、深圳、长沙、成都等，绩效值为 1。自然绩效最低的城市为三门峡，绩效值仅为 0.018，荆州、马鞍山、石嘴山、金昌的绩效值也极低。总体而言，大部分城市的绩效值小于 0.2，且多集中在山东、河南、山西、河北、辽宁等省份。长三角地区城市的绩效值多集中为 0.2～0.6，总体效率偏低。

（3）河北、河南、山西、辽宁、甘肃、青海、宁夏等省份的多数城市的规模绩效小于 0.2，长三角地区各城市的绩效值偏低，南部沿海城市的规模绩效相对较好。自然绩效下规模绩效最高的城市为大连、上海、广州、深圳、长沙、成都等，绩效值为 1。规模绩效最低的城市为三门峡，牡丹江、韶关、阳泉、焦作等城市的绩效值较低且小于 0.1（附表 6-2）。

（4）在规模损失可变条件下，各城市的管理绩效总体较高，管理绩效最高的城市为上海、福州、深圳、泉州、汕头、武汉、重庆等，且绩效值为 1。保定的管理绩效值最低，仅为 0.272。广东、福建的多数城市的管理绩效水平明显高于其他省份的城市，山东、河南、河北部分城市的管理绩效较低。

（5）在规模损失不变条件下，上海、泉州、深圳、武汉、重庆等城市的管理绩效最好，绩效值为 1。绩效值最低的城市为牡丹江，管理绩效仅为 0.161，秦皇岛、延安、阳泉、安阳等城市的管理绩效也相对较低。河北、山东、河南、山西等省份的部分城市的管理绩效明显低于其他省份的城市。

（6）从各城市在管理绩效下的规模绩效来看，总体上大城市的规模绩效较高，如天津、上海、泉州、深圳、武汉、重庆等城市，绩效值为 1。规模绩效最低的城市为牡丹江，延安、曲靖等规模较小的城市的规模绩效也较低。南部、东部沿海地区的城市的规模绩效明显高于中部和西部的城市。

从分析结果可以看出，无论在何种绩效类型下，以省会城市为代表的大城市的环境绩效高于其他中小城市，且环境绩效高的城市多集中在广东、福建、上海、江苏、浙江等省份，环境绩效低的城市集中在河北、河南、山东、山西、甘肃、宁夏等省份。为进一步解释不同城市和地区的差异，将分析大城市与中小城市以及各区域之间的环境绩效差异。

6.6　环境绩效前沿面分析

6.6.1　总体环境绩效分析

从 109 个环保重点监测城市的环境绩效值可以看出，大部分城市的管理绩效值小于自然绩效值，这表明当下中国大部分城市仍把经济的发展放在首位，把环境保护放在次位。此外，由表 6-2 可以看出，最高的效率值为 1，最低的效率值仅为 0.018，表明城市之间的环境绩效水平差异巨大，城市的经济发展和环境保护水平不一。自然绩效、管理绩效以及规模绩效水平总体较低，表明我国城市总体的环境绩效较低。

表 6-2　2014 年 109 个环保重点监测城市环境绩效值描述

	规模收益可变下自然绩效	规模收益不变下自然绩效	自然绩效下规模绩效	规模损失可变下管理绩效	规模损失不变下管理绩效	管理绩效下的规模绩效
平均值	0.714	0.373	0.485	0.618	0.526	0.845
标准差	0.226	0.316	0.329	0.187	0.197	0.135
最大值	1.000	1.000	1.000	1.000	1.000	1.000
最小值	0.318	0.018	0.018	0.272	0.161	0.310

6.6.2　区域环境绩效分析

（1）区域划分。为研究城市之间的环境绩效差异，将城市进行分类，包括是省会城市还是非省会城市，并根据中国经济区域横向划分的三大区域划分法①和 2005 年国务院发展研究中心将 30 多个省会划分为八大经济区的划分法②，将 109 个环保重点监测城市进行分类[22]。

---

① 泛长三角区域：即以长江下游经济重心地区横向连接黄河中上游腹地经济带，形成以长三角 15 座城市为经济中心，辐射带动沪、苏、浙、皖、豫、陕、甘、宁、青、疆等 10 省的经济区板块。泛珠三角区域：即以珠江、闽江沿海经济横向连接长江中上游腹地经济带，形成以珠江三角洲广州、深圳等 14 座城市为经济中心，以厦、漳、泉等福建沿海岸城市为副中心，辐射带动粤、闽、琼、桂、湘、鄂、赣、渝、贵、滇、川、藏等 12 省（市区）的经济区板块。大环渤海区域。即以渤海湾城市群为经济中心横向连接黄河下游地区和华北、东北平原腹地经济区，包括京、津、辽、鲁、冀、晋、吉、黑、蒙等 9 省（市区）。

② 南部沿海经济区包括福建、广东、海南；北部沿海综合经济区包括北京、天津、河北、山东；东部沿海综合经济区包括上海、江苏、浙江；黄河中游综合经济区包括内蒙古、河南、山西、陕西；长江中游综合经济区包括湖北、湖南、安徽、江西；东北综合经济区包括辽宁、吉林、黑龙江；大西南综合经济区包括广西、四川、重庆、云南、贵州；大西北综合经济区包括甘肃、青海、宁夏、新疆。

假设省会城市和非省会城市之间没有显著性差异，"三大区域"以及"八大经济区"划分的情况下各区域之间没有显著性差异。

（2）自然绩效、管理绩效与规模绩效。不同区域的自然绩效与管理绩效表现出明显的差异，表明区域的经济发展水平与环境保护的水平存在差异。

第一，省会城市的自然绩效均值 0.774 高于非省会城市的 0.693，省会城市的管理绩效均值 0.670 高于非省会城市的 0.600，这表明省会城市比非省会城市更加注重环境保护。此外，省会城市的效率值方差小于非省会城市，表明省会城市的环境绩效水平的波动幅度要小于非省会城市，即非省会城市间的发展水平差异相对较大。

第二，在三大区域划分中，泛珠三角区域效率值最高，其次是泛长三角区域、大环渤海区域，大环渤海区域的效率值与泛长三角的效率值相近。大环渤海区域管理绩效平均值最低，表明该区域更加追求经济的发展，对环境保护的力度不够，符合以重工业为主的大环渤海区域空气污染事件多发且日益严重的现状，这与按照传统的京津冀、长三角、珠三角划分进行环境绩效评估所得到的结果不同[23]。

第三，在八大区域的划分中，南部沿海经济区的自然绩效和管理绩效的均值最高，分别为 0.948、0.943，表明南部沿海经济区追求经济的发展的同时也重视环境的保护，南部沿海经济区的环境绩效水平高于其他区域。同为经济发达的东部沿海综合经济区的管理绩效均值为 0.629，远低于南部沿海经济区，这表明东部沿海综合经济区的环境保护水平不如南部沿海经济区。此外，北部沿海综合经济区的管理绩效平均值最低，仅为 0.492，表明该区域环境保护水平较低（表 6-3）。

表 6-3　各区域在规模收益可变和规模损失可变条件下的环境绩效值

区域划分		自然绩效		管理绩效	
		均值	标准差	均值	标准差
省会城市和非省会省市	省会城市	0.774	0.211	0.670	0.184
	非省会城市	0.693	0.229	0.600	0.185
三大区域	泛珠三角区域	0.858	0.171	0.740	0.198
	泛长三角区域	0.658	0.214	0.573	0.156
	大环渤海区域	0.622	0.219	0.538	0.137
八大经济区	北部沿海综合经济区	0.538	0.229	0.492	0.160
	东北综合经济区	0.743	0.180	0.566	0.100
	东部沿海综合经济区	0.643	0.135	0.629	0.133
	南部沿海经济区	0.948	0.085	0.943	0.094
	黄河中游综合经济区	0.642	0.253	0.508	0.116
	长江中游综合经济区	0.735	0.209	0.623	0.154
	大西南综合经济区	0.888	0.129	0.700	0.181
	大西北综合经济区	0.668	0.233	0.657	0.216

　　此外，省会城市在规模收益不变条件下的自然绩效和在规模损失不变条件下的管理绩效值远高于非省会城市，表明规模较大城市的经济发展水平和环境保护水平要远高于其他中小城市。在三大区域中，泛珠三角区域的效率值最高，泛长三角区域和大环渤海区域效率值相近。八大区域中，南部沿海经济区的效率值依旧位于六大区域首位，而大西北综合经济区的自然绩效均值仅为 0.194，表明该区域的经济发展水平远远低于其他区域。黄河中游综合经济区的管理绩效均值为0.415，表明该区域的环境保护水平低于其他区域（表 6-4）。

表 6-4　各区域在规模收益不变和规模损失不变条件下的环境绩效值

区域划分		自然绩效		管理绩效	
		均值	标准差	均值	标准差
省会城市/非省会省市	省会城市	0.654	0.294	0.586	0.202
	非省会城市	0.271	0.257	0.505	0.1920
三大区域	泛珠三角区域	0.471	0.325	0.614	0.216
	泛长三角区域	0.326	0.279	0.508	0.181
	大环渤海区域	0.318	0.327	0.453	0.158
八大经济区	北部沿海综合经济区	0.344	0.325	0.428	0.172
	东北综合经济区	0.345	0.357	0.471	0.159
	东部沿海综合经济区	0.406	0.237	0.588	0.147
	南部沿海经济区	0.498	0.341	0.849	0.162
	黄河中游综合经济区	0.261	0.316	0.415	0.128
	长江中游综合经济区	0.457	0.334	0.562	0.162
	大西南综合经济区	0.459	0.328	0.518	0.172
	大西北综合经济区	0.194	0.201	0.559	0.261

　　另外，省会城市在自然绩效下和管理绩效下的规模绩效均值分别为 0.802、0.866，远高于非省会城市的 0.370、0.837。拥有众多大城市的南部沿海经济区、东部沿海综合经济区、长江中游综合经济区、北部沿海综合经济区在自然绩效下和管理绩效下的规模绩效均值也明显高于其他地区，这表明大城市可以较好地利用其城市规模发展经济和保护环境，提高区域环境绩效水平，而对于规模较小的城市却没办法获得较高的规模绩效，从而导致区域环境绩效较低（表 6-5）。

表 6-5　各区域的规模绩效值

区域划分		自然绩效下的规模绩效		管理绩效下的规模绩效	
		均值	标准差	均值	标准差
省会城市/非省会省市	省会城市	0.802	0.244	0.866	0.119
	非省会城市	0.370	0.276	0.837	0.140
三大区域	泛珠三角区域	0.526	0.320	0.825	0.134
	泛长三角区域	0.470	0.327	0.875	0.121
	大环渤海区域	0.458	0.345	0.833	0.146
八大经济区	北部沿海综合经济区	0.540	0.313	0.856	0.112
	东北综合经济区	0.438	0.398	0.821	0.195
	东部沿海综合经济区	0.618	0.282	0.930	0.054
	南部沿海经济区	0.511	0.334	0.894	0.119
	黄河中游综合经济区	0.357	0.338	0.817	0.157
	长江中游综合经济区	0.566	0.323	0.898	0.060
	大西南综合经济区	0.499	0.323	0.744	0.133
	大西北综合经济区	0.290	0.248	0.824	0.107

（3）区域环境绩效的差异性分析。为检验区域环境绩效的差异性，对在规模收益可变下的自然绩效和规模损失可变下的管理绩效做 t 检验分析。表 6-6~表 6-9 表示在不同区域划分情况下 t 检验值和 p 值。

表 6-6 为省会城市和非省会城市在规模收益可变和规模损失可变下的自然绩效和管理绩效 t 检验值和 p 值。此时，自然绩效和管理绩效的 p 值均大于 0.05，结果不显著，t 检验也未通过，即省会城市和非省会城市之间没有显著性差异。这是由于以 $PM_{2.5}$ 和 PM_{10} 为典型的空气污染易受气流、风向、水汽变化等因素的影响，相对于其他环境污染更具有流动性[24]，这会导致一个城市的空气状况会影响到周围的城市，同样也会受到周围城市的影响，使得城市间的差异缩小，因此没有通过差异性检验。

表 6-6　省会城市与非省会城市环境绩效值 t 检验值和 p 值

分组	自然绩效	管理绩效
省会城市与非省会城市	1.672 (0.098)	1.765 (0.080)

注：（1）在 5%的置信水平下是不显著的；（2）括号内是 p 值。

表 6-7 中，泛长三角区域和大环渤海区域的自然绩效、管理绩效的 p 值分别为 0.487、0.318，均大于 0.05，也未通过检验，表明泛长三角区域和大环渤海区域之

间没有明显的差异。但是，泛珠三角区域和泛长三角区域、泛珠三角区域和大环渤海区域的自然绩效、管理绩效的p值均为0，即通过差异性检验，即泛珠三角区域和泛长三角区域以及泛珠三角区域和大环渤海区域之间存在显著性差异，泛珠三角区域的经济发展水平和环境保护水平显著优于泛长三角区域和大环渤海区域。

表6-7　三大区域环境绩效的t检验值和p值

分组	自然绩效		管理绩效	
	大环渤海区域	泛珠三角区域	大环渤海区域	泛珠三角区域
泛长三角区域	0.698 (0.487)	−4.454* (0.000)	1.006 (0.318)	−4.021* (0.000)
大环渤海区域		−5.129* (0.000)		−5.000* (0.000)

*表示在5%的置信水平下显著。

注：括号内是p值。

表6-8、表6-9为在规模收益可变条件下的自然绩效和规模损失可变条件下的管理绩效的t检验值和p值。其中，大部分地区间（如东北综合经济区和北部沿海综合经济区、南部沿海经济区和北部沿海综合经济区等）的p值<0.05，表明这些区域间的环境绩效差异显著，其中南部沿海经济区与其他区域的差异尤为明显。小部分区域间（如黄河中游综合经济区和东部沿海综合经济区、黄河中游综合经济区和大西北综合经济区等）的p值>0.05，没通过显著性检验。总体而言，八大区域间存在显著性差异，即不同区域的环境绩效存在差异显著，区域间的经济发展以及环境保护存在较大的差异。

表6-8　八大区域自然绩效t检验值和p值

	东北	东部	南部	黄河	长江	西南	西北
北部	−2.489* (0.020)	−1.542 (0.134)	−5.146* (0.000)	−1.283 (0.208)	−2.392* (0.023)	−5.458* (0.000)	−1.250 (0.225)
东北		1.631 (0.116)	−3.129* (0.006)	1.169 (0.252)	0.103 (0.919)	−2.480* (0.020)	0.772 (0.451)
东部			−6.089* (0.000)	0.007 (0.994)	−1.427 (0.165)	−5.254* (0.000)	−0.325 (0.749)
南部				3.513* (0.002)	2.895* (0.009)	1.253 (0.222)	3.364* (0.005)
黄河					−1.131 (0.267)	−3.624* (0.001)	−0.237 (0.814)
长江						−2.501* (0.018)	0.669 (0.512)
西南							2.987* (0.007)

*表示在5%的置信水平下显著。

注：（1）括号里为p值；（2）北部沿海综合经济区（北部）、东北综合经济区（东北）、东部沿海综合经济区（东部）、南部沿海经济区（南部）、黄河中游综合经济区（黄河）、长江中游综合经济区（长江）、大西南综合经济区（西南）、大西北综合经济区（西北）。

表 6-9　八大区域管理绩效 t 检验值和 p 值

	东北	东部	南部	黄河	长江	西南	西北
北部	−1.355 (0.187)	−2.581* (0.015)	−7.702* (0.000)	−0.341 (0.735)	−2.264* (0.031)	−3.493* (0.001)	−2.050 (0.053)
东北		−1.317 (0.200)	−8.600* (0.000)	1.394 (0.174)	−1.051 (0.304)	−2.240* (0.034)	−1.224 (0.239)
东部			−6.185* (0.000)	2.865* (0.007)	0.120 (0.905)	−1.254 (0.219)	−0.381 (0.708)
南部				9.830* (0.000)	5.569* (0.000)	3.741* (0.001)	3.576* (0.003)
黄河					−2.471* (0.019)	−3.904* (0.000)	−2.319* (0.029)
长江						−1.270 (0.214)	−0.426 (0.675)
西南							0.500 (0.622)

*表示在 5% 的置信水平下显著。

注：（1）括号里为 p 值；（2）北部沿海综合经济区（北部）、东北综合经济区（东北）、东部沿海综合经济区（东部）、南部沿海经济区（南部）、黄河中游综合经济区（黄河）、长江中游综合经济区（长江）、大西南综合经济区（西南）、大西北综合经济区（西北）。

6.7　结论与建议

本章采用 DEA 模型，将 $PM_{2.5}$ 和 PM_{10} 同时作为非期望产出，从自然绩效、管理绩效和规模绩效三个方面，评估了全国 109 个环保重点监测城市的环境绩效。同时，将 109 个环保重点监测城市按照三种方式划分进行区域分析。结果表明，①目前大部分城市的自然绩效较高，但管理绩效明显偏低。表明中国大部分城市仍优先考虑经济的发展，把环境保护放在次位。②总体而言，109 个城市的环境绩效差异巨大，多数规模较大的城市（如北京、广州、深圳、上海等）的效率值较高且为 1，许多规模较小的城市（如三门峡、保定、牡丹江、平顶山等）的效率值较小且接近于 0，省会城市的环境绩效高于非省份城市，表明我国规模较大的城市总体表现优于规模较小的城市，规模较大的城市可以更好地利用其城市规模发展经济、保护环境。③从区域分析来看，区域间环境绩效差异明显，地区间经济发展和环境保护不平衡。泛珠三角区域的环境绩效水平高于泛长三角区域和大环渤海区域。南部沿海经济区、东部沿海综合经济区、长江中游综合经济区、北部沿海综合经济区的效率均值高于其他区域，表明南部沿海经济区、东部沿海综合经济区、长江中游综合经济区、北部沿海综合经济区的经济发展和环境保护的水平高于对黄河中游综合经济区、大西南综合经济区、大西北综合经济区等欠发达地区。

根据以上结论，可得到 3 点政策启示。

（1）注重提高管理水平，提高环境绩效。首先，应当制定完备的环境绩效评估体系，识别环境污染后果和估计环境目标间的差距，明确环境监管内容、监管各方的责任以及相应的处罚措施，为政府、企业等提供科学的决策依据。其次，针对当下环境污染严重的现状，城市应当根据自身比较优势选择合适的发展模式提高环境绩效，政府应当从调整产业结构、优化城市规模扩张路径和转变经济增长模式方面入手，引入市场调节等手段[25]，重点推进老工业城市的转型升级，发挥技术创新在环境绩效改善中的主导作用，实现城市可持续发展[26]。

（2）注重规模较小城市的环境保护问题。在当下我国快速城镇化的大背景下，存在生态、环境、经济诸多问题[27]。对经济发展落后、环境绩效较低的小城市（如三门峡、保定、牡丹江、平顶山等）采取积极措施，鼓励小城市积极的学习和借鉴大城市（如北京、广州、深圳、上海等）经济发展和环境保护的宝贵经验。同时积极响应国家中心城市建设①号召，加强大城市的建设，充分利用大城市的规模辐射带动周边小城市发展，向中小城市输送人才、资金、污染处理设备等资源。同时应当给予中小城市更多的优惠政策，促进其经济发展、提高收入，改善中小城市的环境绩效[28]，促进城市生态平衡和可持续发展。

第三，注重区域协调可持续发展。针对黄河中游综合经济区、大西南综合经济区、大西北综合经济区等欠发达地区的环境保护，要根据不同区域的特征，制定有差别的大气环境治理策略[29]。同时可以学习借鉴泛珠三角区域的经验，加强科技投入增强科技创新能力，加快发展高端服务业，将先进制造业与高端服务业相融合，推动产业结构优化升级[30]。运用排放权交易和补贴手段，根据最终减排目标，向相关工业企业分配逐年递减的污染物排放配额，并允许企业通过排放权交易完成减排任务。加强区域间合作，成立专门的区域协调组织，直接行使被赋予的管理职能，或向周边区域协调行为提出建议[31]，实现区域协调可持续发展。

参 考 文 献

[1] 吴琦，武春友. 基于 DEA 的能源效率评价模型研究[J]. 管理科学，2009，22（1）：103-112.

[2] 华坚，任俊，徐敏，等. 基于三阶段 DEA 的中国区域二氧化碳排放效率评价研究[J]. 资源科学，2013，35（7）：1447-1454.

[3] 孙少勤，郭琴琴，邵青. 基于超效率 DEA 模型的中国省际碳排放效率研究[J]. 阅江学刊，2014（6）：41-51.

[4] Wang K, Wei YM, Huang Z. Potential gains from carbon emissions trading in China: a DEA based estimation on abatement cost savings[J]. Omega, 2015, 63: 48-59.

---

　① 国家中心城市，是住房和城乡建设部 2010 年编制的《全国城镇体系规划》中提出的处于城镇体系最高位置的城镇层级。国家中心城市在全国具备引领、辐射、集散功能的城市，这种功能表现在政治、经济、文化、对外交流等多方面。

[5]　Zha Y，Zhao L，Bian Y. Measuring regional efficiency of energy and carbon dioxide emissions in China: a chance constrained DEA approach[J]. Computers & Operations Research，2016（66）：351-361.

[6]　Bian Y，He P，Xu H. Estimation of potential energy saving and carbon dioxide emission reduction in China based on an extended non-radial DEA approach[J]. Energy Policy，2013（63）：962-971.

[7]　Zhang J，Zeng W，Shi H. Regional environmental efficiency in China: analysis based on a regional slack-based measure with environmental undesirable outputs[J]. Ecological Indicators，2016（71）：218-228.

[8]　Zaim O，Taskin F. Environmental efficiency in carbon dioxide emissions in the OECD: a non-parametric approach [J]. Resource and Energy Economics，2001，1（23）：63-83.

[9]　Lee T，Yeo G T，Thai V V. Environmental efficiency analysis of port cities: sslacks-based measure data envelopment analysis approach[J]. Transport Policy，2014，33（4）：82-88.

[10]　李海东，汪斌，熊贝贝，等. 基于改进的 ISBM-DEA 模型的区域环境绩效实证研究[J]. 系统工程，2012，30（7）：86-93.

[11]　杨青山，张郁，李雅军. 基于 DEA 的东北地区城市群环境绩效评价[J]. 经济地理，2012，32（9）：51-60.

[12]　Li Y，Ouyang H，Fang K，Ye L，Zhang J. Evaluation of regional environmental efficiencies in China based on super-efficiency-DEA[J]. Ecological Indicators，51（2015）13-19.

[13]　Wu J，Yin P，Sun J，Chu J，Liang L. Evaluating the Environmental Efficiency of a Two-stage System with Undesired Outputs by a DEA Approach: An Interest Preference Perspective[J]. European Journal of Operational Research，S0377-2217（16）30253-3.

[14]　李静，程丹润. 中国区域环境绩效差异及演进规律研究—基于非期望产出的 SBM 模型的分析[J]. 工业技术经济，2008，27（11）：100-104.

[15]　白永平，张晓州，郝永佩，宋晓伟. 基于 SBM-Malmquist-Tobit 模型的沿黄九省（区）环境绩效差异及影响因素分析[J]. 地域研究与开发，2013，32（2）：90-95.

[16]　苑清敏，申婷婷，邱静. 中国三大城市群环境绩效差异及其影响因素[J]. 城市问题，2015（7）：10-18.

[17]　程丹润. 环境约束下的中国区域效率差异及影响因素研究[D]. 安徽：合肥工业大学，2008：32-41.

[18]　Sueyoshi，Yuan. China's regional sustainability and diversified resource allocation: DEA environmental assessment on economic development and air pollution[J]. Energy Economics，49（2015）239-256.

[19]　冯博，王雪青. 考虑雾霾效应的京津冀地区能源效率实证研究[J]. 干旱区资源与环境，2015，29（10）：1-7.

[20]　何枫，马栋栋，徐晓宁. 霾约束下中国省际区间环境技术效率研究——基于 SBM-Undesirable 区间模型的面板数据分析[J]. 干旱区资源与环境，2016，30（12）：28-33.

[21]　郭际，刘慧，吴先华，王莹莹. 基于 ZSG-DEA 模型的大气污染物排放权分配效率研究[J]. 中国软科学，2015（11）：176-185.

[22]　孙红玲，刘长庚. 论中国经济区的横向划分[J]. 中国工业经济，2005（10）27-34.

[23]　陈浩，陈平，罗艳. 京津冀地区环境绩效及其影响因素分析[J]. 生态经济，2015，（31）8：142-150.

[24]　王勇，刘严萍，李江波，柳林涛. 水汽和风速对雾霾中 $PM_{2.5}/PM_{10}$ 变化的影响[J]. 灾害学，2015，30（1）：5-7.

[25]　张子龙，逯承鹏，陈兴鹏，薛冰，鹿晨昱. 中国城市环境绩效及其影响因素分析：基于超效率 DEA 模型和面板回归分析[J]. 干旱区资源与环境，2015，29（6）：1-7.

[26]　陈晓红，周智玉. 基于规模报酬可变假设的城市环境绩效评价及其成因分解[J]. 中国软科学，2014（10）：121-128.

[27]　杨玉珍. 快速城镇化地区生态——环境——经济耦合协同发展研究综述[J]. 生态环境学报，2014，23（3）：541-546.

[28]　李静. 中国区域环境绩效的差异与影响因素研究[J]. 南方经济，2009（12）：24-35.

[29]　吴先华，程晗，王桂芝. 中国大气环境效率评价及其影响因素——基于 Super-SBM 模型的研究[J]. 阅江学刊，2016（5）：13-25.

[30]　祁明德. 珠三角产业转型升级绩效研究[J]. 社会科学家，2015（12）：68-71.

[31]　孙海燕. 区域协调发展机制构建[J]. 经济地理，2007，27（3）：362-365.

本 章 附 表

附表 6-1　相关研究的投入产出指标

作者	期望产出	非期望产出	投入
吴琦，武春友[1]	GDP	NO_2、SO_2、烟尘排放量 工业粉尘排放量 化学需氧量排放量 氨氮排放量 工业固废排放量	能源消费总量 从业人员总数 固定资产折旧
华坚等[2]	GDP	CO_2	资本存量、劳动力、能源
孙少勤等[3]	GDP	碳排放量	资本存量、能源消费量
Wang K，et al.[4]	GDP	CO_2	能源、劳动力、资本存量
Zha Y，et al.[5]	工业产品产出	CO_2	技术生产活动消耗
Bian Y，et al.[6]	GDP	CO_2	劳动力、资本存量 煤、石油、天然气 非石化能源
Zhang J，et al.[7]	GDP	NO_2、SO_2、COD	劳动力、资本、TEC
Zaim，Taskin[8]	GDP	CO_2	劳动力 资本存量
Lee T，et al.[9]	GDP	CO_2、SO_2、NO_x	劳动力
李海东，等[10]	GDP	工业废气排放总量 工业固体废弃物 二氧化硫排放总量 烟尘排放总量 工业粉尘排放量 化学需氧量排放量	能源消耗量 人力资源投入量 资本投入量 水资源使用量
杨青山，等[11]	GDP	废水、废气 固体废物排放量	年末从业人员数 能源消费量 固定资产净值
Wu J，et al.[13]	工业 GDP 废物重复利用价值	工业废水 工业固体废物	劳动力、资本存量 单位耗煤产生的 GDP 污染治理投入 工业废水废物回收再利用
李静，程丹润[14]	GDP	工业废水排放量 工业废气排放量 业固体废物产生量	历年年末从业人员数 不变价的资本存量 能源消费量

作者	期望产出	非期望产出	投入
白永平, 等[15]	GDP	工业废水排放量 工业废气排放量 业固体废物产生量	年末人口总量 能源消耗量
苑清敏, 等[16]	GDP	工业废水排放量 工业烟尘排放量 工业二氧化硫排放量	年均从业人数 电总量 固定资本存量
Li Y, et al.[12]	GDP	CO_2、SO_2	资本存量、劳动力
程丹润[1]	GDP	工业废水排放量 工业废气排放量 工业固体废物排放量	年末从业人员数 不变价资本存量 能源消费量
Sueyoshi, Yuan[18]	GRP	NO_2、SO_2、$PM_{2.5}$、PM_{10}	人口总数 电力消耗 污染治理投入 人均消费支出
冯博, 王雪青[19]	GDP	CO_2排放量 污染物综合指标	资本存量、劳动力、能源
何枫, 等[20]	GDP	$PM_{2.5}$	从业人员数、能源消费总量 资本存量、用水总量

附表 6-2 109 个环保重点监测城市的环境绩效值

城市	规模收益可变下自然绩效	规模收益不变下自然绩效	自然绩效下的规模绩效	规模损失可变下管理绩效	规模损失不变下管理绩效	管理绩效下的规模绩效
北京	1.000	0.996	0.996	0.892	0.838	0.939
天津	0.795	0.793	0.997	0.746	0.746	1.000
石家庄	0.397	0.225	0.566	0.429	0.339	0.790
秦皇岛	0.485	0.068	0.140	0.476	0.270	0.567
唐山	0.343	0.186	0.543	0.542	0.540	0.997
保定	0.318	0.038	0.120	0.272	0.196	0.721
邯郸	0.340	0.058	0.172	0.407	0.317	0.779
济南	0.709	0.686	0.968	0.415	0.392	0.945
青岛	0.957	0.931	0.973	0.587	0.540	0.921
淄博	0.333	0.216	0.649	0.350	0.305	0.872
枣庄	0.385	0.182	0.472	0.356	0.325	0.914
烟台	0.678	0.438	0.647	0.643	0.529	0.823
潍坊	0.386	0.134	0.346	0.491	0.436	0.888
济宁	0.362	0.106	0.293	0.397	0.347	0.874
泰安	0.637	0.327	0.513	0.396	0.357	0.902

续表

城市	规模收益可变下自然绩效	规模收益不变下自然绩效	自然绩效下的规模绩效	规模损失可变下管理绩效	规模损失不变下管理绩效	管理绩效下的规模绩效
日照	0.477	0.121	0.254	0.480	0.370	0.770
沈阳	0.782	0.761	0.973	0.548	0.537	0.979
大连	1.000	1.000	1.000	0.758	0.748	0.987
鞍山	0.702	0.121	0.172	0.539	0.511	0.948
抚顺	0.503	0.092	0.183	0.569	0.536	0.941
本溪	0.528	0.077	0.146	0.599	0.567	0.947
锦州	0.752	0.103	0.137	0.477	0.408	0.856
长春	0.883	0.791	0.896	0.491	0.351	0.716
吉林	0.532	0.145	0.273	0.494	0.375	0.758
哈尔滨	0.642	0.553	0.862	0.485	0.369	0.761
齐齐哈尔	0.850	0.113	0.133	0.749	0.621	0.829
牡丹江	1.000	0.038	0.038	0.518	0.161	0.310
上海	1.000	1.000	1.000	1.000	1.000	1.000
南京	0.705	0.686	0.973	0.567	0.554	0.977
徐州	0.543	0.343	0.631	0.518	0.428	0.827
连云港	0.490	0.131	0.268	0.494	0.435	0.881
扬州	0.706	0.596	0.844	0.534	0.500	0.936
南通	0.596	0.332	0.556	0.557	0.520	0.934
镇江	0.800	0.245	0.306	0.494	0.459	0.928
常州	0.524	0.372	0.710	0.616	0.597	0.969
无锡	0.556	0.466	0.838	0.632	0.625	0.988
苏州	0.588	0.449	0.763	0.646	0.602	0.932
杭州	0.577	0.539	0.934	0.697	0.696	0.999
宁波	0.698	0.448	0.641	0.799	0.760	0.951
温州	0.721	0.193	0.268	0.704	0.602	0.855
湖州	0.634	0.105	0.165	0.593	0.509	0.858
绍兴	0.501	0.185	0.370	0.584	0.538	0.921
福州	1.000	0.759	0.759	1.000	0.767	0.767
厦门	0.897	0.472	0.526	0.896	0.845	0.943
泉州	1.000	0.347	0.347	1.000	1.000	1.000
广州	1.000	1.000	1.000	0.887	0.864	0.975
深圳	1.000	1.000	1.000	1.000	1.000	1.000
珠海	1.000	0.330	0.330	0.976	0.916	0.939
汕头	0.865	0.270	0.312	1.000	0.881	0.881
韶关	0.771	0.064	0.083	0.724	0.464	0.641

城市	规模收益可变下自然绩效	规模收益不变下自然绩效	自然绩效下的规模绩效	规模损失可变下管理绩效	规模损失不变下管理绩效	管理绩效下的规模绩效
湛江	1.000	0.244	0.244	1.000	0.900	0.900
西安	0.661	0.610	0.923	0.519	0.485	0.933
宝鸡	0.879	0.664	0.755	0.497	0.459	0.924
咸阳	1.000	1.000	1.000	0.412	0.318	0.772
渭南	1.000	0.496	0.496	0.441	0.273	0.619
延安	1.000	0.055	0.055	0.547	0.211	0.385
太原	0.497	0.245	0.493	0.694	0.676	0.974
大同	0.702	0.098	0.139	0.682	0.388	0.570
阳泉	0.408	0.032	0.078	0.409	0.294	0.719
长治	0.499	0.039	0.078	0.467	0.420	0.899
临汾	0.706	0.030	0.042	0.511	0.344	0.673
郑州	0.414	0.256	0.618	0.596	0.588	0.987
开封	0.434	0.056	0.128	0.451	0.411	0.912
洛阳	0.397	0.113	0.285	0.459	0.411	0.895
平顶山	0.362	0.038	0.106	0.352	0.316	0.898
焦作	0.382	0.034	0.089	0.465	0.442	0.951
安阳	0.322	0.034	0.106	0.308	0.263	0.855
三门峡	1.000	0.018	0.018	0.384	0.306	0.796
呼和浩特	1.000	0.970	0.970	0.700	0.585	0.837
包头	0.550	0.274	0.499	0.604	0.583	0.965
赤峰	0.628	0.161	0.255	0.665	0.522	0.784
武汉	0.807	0.787	0.976	1.000	1.000	1.000
荆州	0.393	0.064	0.164	0.372	0.316	0.852
宜昌	0.578	0.386	0.668	0.738	0.731	0.990
长沙	1.000	1.000	1.000	0.603	0.529	0.878
株洲	0.560	0.162	0.289	0.509	0.466	0.916
湘潭	0.517	0.116	0.224	0.448	0.391	0.873
岳阳	0.604	0.332	0.550	0.587	0.535	0.912
常德	1.000	1.000	1.000	0.700	0.647	0.923
张家界	1.000	0.271	0.271	0.778	0.586	0.753
南昌	0.777	0.629	0.810	0.587	0.517	0.881
九江	0.888	0.389	0.438	0.659	0.563	0.855
合肥	0.933	0.848	0.909	0.632	0.584	0.924
芜湖	0.719	0.321	0.446	0.586	0.530	0.905
马鞍山	0.514	0.089	0.173	0.518	0.475	0.916

城市	规模收益可变下自然绩效	规模收益不变下自然绩效	自然绩效下的规模绩效	规模损失可变下管理绩效	规模损失不变下管理绩效	管理绩效下的规模绩效
昆明	1.000	0.888	0.888	0.902	0.588	0.652
曲靖	1.000	0.177	0.177	0.877	0.395	0.451
玉溪	1.000	0.297	0.297	0.967	0.564	0.584
贵阳	1.000	0.776	0.776	0.655	0.506	0.773
遵义	0.870	0.148	0.170	0.518	0.320	0.618
成都	1.000	1.000	1.000	0.599	0.439	0.733
自贡	1.000	1.000	1.000	0.585	0.466	0.797
攀枝花	0.757	0.077	0.102	0.745	0.511	0.686
泸州	0.647	0.177	0.273	0.510	0.366	0.718
德阳	1.000	0.208	0.208	0.564	0.408	0.723
绵阳	0.751	0.204	0.272	0.655	0.533	0.814
宜宾	0.685	0.207	0.302	0.485	0.425	0.876
重庆	0.945	0.862	0.912	1.000	1.000	1.000
南宁	0.866	0.598	0.691	0.707	0.459	0.649
柳州	0.727	0.513	0.706	0.562	0.503	0.895
桂林	0.848	0.240	0.283	0.572	0.461	0.806
北海	1.000	0.425	0.425	1.000	0.867	0.867
兰州	0.485	0.156	0.323	0.501	0.341	0.680
金昌	1.000	0.036	0.036	0.935	0.864	0.924
西宁	0.463	0.083	0.178	0.472	0.389	0.824
银川	0.550	0.101	0.183	0.576	0.435	0.755
石嘴山	0.625	0.041	0.065	0.577	0.459	0.796
乌鲁木齐	0.552	0.375	0.679	0.541	0.425	0.787
克拉玛依	1.000	0.568	0.568	1.000	1.000	1.000

第7章 基于 ZSG-DEA 的雾霾污染排放优化

本章首先介绍排污权的初始分配的含义，论述了排污权初始分配的 3 个主要的理论基础：环境容量资源的稀缺性理论、外部性理论和产权理论。然后介绍了传统 DEA 模型、非期望产出做投入法的 DEA 模型、SBM-Undesirable 模型、ZSG-DEA 模型的设定，在相关模型的基础上描述了各个模型运用下的投入产出的指标，并说明了数据的来源。最后进行实证分析。

7.1 国内外区域排污权交易的现状

7.1.1 国外区域排污权交易的现状

1. 美国排污权交易的发展过程

世界上最早建立排污交易制度的国家是美国。当时美国为了降低国内电力行业中 SO_2 的排放数量，加快电力企业的科技创新，在 1976 年建立并推行排污权交易制度，这也是该理论在实践层面的首次成功范例。

从历史上来看，美国的排污权交易大致经历了两个阶段：第一个阶段是从 20 世纪 70 年代中期至 20 世纪 90 年代初期，我们可以把这一阶段看作是排污权交易的探索阶段。在这个阶段，美国政府运用各种调控手段，将排污权交易建立在排放削减信用的基础上，具体的政策可以总结为"气泡""补偿""银行""净得"4 个方面。这些具体的政策首先在局部地区展开实践，从交易量来看，总体的交易额较少，成效甚微。但是这些局部地区开展的交易实践也表明了排污权交易对于降低 SO_2 在电力行业的排放具有极大的可行性和示范效果，它为排污权交易政策在其他领域进行推广奠定了良好的基础；第二个阶段大致是从 20 世纪 90 年代以后开始，特别是以 1990 年通过并实施的《清洁空气法》修正案的"酸雨计划"为标志，在法律层面上将排污权交易制度规范化，总量控制成为该阶段的排污权交易方式。自 20 世纪 90 年代以来，该时期的排污权交易实施范围遍及美国各地，排污权交易总量迅速增加，而且排污交易的对象变得更加广泛，SO_2、NO_x、汞等污染物也被包括进来。1990 年实行的"酸雨计划"成为以市场为导向的排污权交易机制的关键转折，至此，排污权交易开始走上成功。

从 1990 年开始，直到 2006 年止，排污权交易制度的成功实施使得全美电力行业的发电量增加 37%，虽然煤类、石油类和天然气等化石能源的消耗大幅增加，但是包括 SO_2 和 NO_x 在内的排放总量却分别下降 40%和 48%。此外，其他一些主要空气污染物的排放量也大幅减少，结果使得美国东北部与中西部的大部分地区 2006 年的湿硫酸盐沉降水平比政策制定之初降低 25%～40%。当时有专家预计，到 2010 年将有高达到 1420 亿美元的生态健康从酸雨计划减排中获益。随后美国的排污权交易从大气污染领域拓展到其他领域，例如主要在美国五大湖地区及东西部沿海地区实施的水质的交易，虽然美国的水质交易仍然处于试验阶段，交易规模也比较小，但是该领域的拓展也是一次创新的尝试。

2. 其他国家排污权交易的发展进程

欧盟的排污权交易过程大体上可以划分为以下三个阶段：第一个阶段是颁布并实施"排污权交易计划"指令；第二个阶段是规定"国家分配计划"的原则和操作程序；第三个阶段是启动欧盟排放交易体系（EU-ETS）。目前全球最大的碳排放交易市场就是欧盟排放交易体系（EU-ETS），它在全球的碳交易市场中起到至关重要的示范作用。它的运行方式和发展进程："先是确定所有可能参加排污权交易的企业名单；其次是确定将排放许可总量分配给所有参与排污权交易的部门；再次是确定各产业部门所分配的排放许可，分配过程必须透明，且考虑以往的实际排放量；最后是确定各企业可能分配的排放许可。"

欧盟排放交易体系（EU-ETS）市场交易的主要标的是国家计划分配的欧盟排放配额（EUA），2005～2007 年是欧盟排放交易体系（EU-ETS）的初始试验阶段，配额分配经验不足是该阶段产生的主要问题，分配给某些排放实体的配额数量超出该阶段其实际排放量过多，导致配额供给过剩。从 2006 年 3 月到 2007 年初，现货 EUA 价格由最高的 30 欧元跌到最低的 3 欧元，之后一度在 0 欧元附近徘徊，价格的下降主要是由于过量的配额流出导致。

《京都议定书》确定的 2008～2012 年减排承诺期是欧盟排放交易体系实施的第二个阶段。该阶段对各国家上报的排放额度仍主要采取免费分配的方式，规定 EUA 每年 CO_2 的排放量最多不超过 20.98 亿吨。该阶段引进并推广了排放配额有偿分配机制，即从配额总额中预留出部分排污权，并且利用拍卖的形式进行再分配，排放实体可以根据实际需要到市场中参与竞拍，有偿购买部分排污权配额。在碳交易的初期，分配机制主要按照免费分配制度来分配配额，拍卖制度分配起辅助作用，随着碳交易机制日趋成熟，逐步扩大拍卖分配额度占总体配额的比例。由于这一阶段成功运用了排放配额有偿分配机制，为进一步采取总量分配交易机制的运行积累了丰富而宝贵的经验，并且带动了欧盟碳金融行业的发展。欧盟借助它设计的排放交易体系，一直在践行它在《京都议定书》中的承诺。

从 2013 年开始欧盟排放交易体系步入第三个阶段。该阶段内，欧盟对以往的交易机制进行了大刀阔斧的改革修正，尝试减少因内部市场失灵导致的不良后果。欧盟 CO_2 排放交易总量以每年 1.74% 的比例下降，以确保截至 2020 年，欧盟 CO_2 排放量相比 1990 年的排放量至少降低 20% 的目标得以实现。另一方面欧盟还扩大了排放交易体系的行业类型，进一步提升了价格信号的作用，通过创造更多的减排空间的方式来实现减排总成本的下降和系统整体效率的提高。

全球排污权交易市场正不断发展壮大，阿姆斯特丹的欧洲气候交易所、法国的未来电力交易所和德国的欧洲能源交易所，此外俄罗斯、日本、加拿大、澳大利亚也建立成了自有的排污权交易市场。其中美国芝加哥气候变化交易所是世界上第一家本国气候交易所，2006 年交易所经手的碳交易量达到 5.53 亿吨。其中欧洲气候交易所占所有通过交易所结算交割碳交易量的 82%，全球排放贸易额于 2006 年已达到 280 亿美元，而欧洲气候交易所更于 2006 年中旬创下每吨 30 欧元的记录。

总量分配的方法是最为有效，也是公众最可接受的交易方法，即政府通过固定区域的污染物排放总量，将有限的排污权配额分配给排污主体。这种模式执行成本较低，而且总量目标的设定依据环境质量目标而定，随着污染物排污总量的逐年递减，环境也会逐渐转好。

7.1.2　国内区域排污权交易的现状

美国在 20 世纪下半叶治理污染的成功经验对我国产生了重要影响。随后我国也开始探索建立排污权交易制度。从 1998 年开始在国内设立排污许可证的试点，目的是通过试点总结经验以此向全国推广。

1993 年，当时的国家环保总局选择在内蒙古包头市、山西省太原市等多个地区作为试点，在这些地区开展大气污染排放权的交易。

1999 年，中美两国开始进行大气污染排放权交易合作的研究，选取辽宁省本溪市和江苏省南通市作为国内开展中美两国交易合作的首批试点城市，合作的项目主要包括"运用市场机制减少 CO_2 排放研究"等。

2001 年，国家环保部与美国政府的环境保护部门共同签署"推动中国 SO_2 排放总量控制及排放权交易政策实施的研究"的合作项目，进一步深化中美之间排放交易权的合作。

2001 年，江苏省南通市的南通醋酸纤维有限公司与南通天生港发电有限公司顺利实施了中国首例排污权交易，这是国内企业之间首次成功的排污权交易。双方从 2001 年到 2007 年总共成功交易了 1800 吨的 SO_2 排污权。这个成功案例表明了排污权交易在我国的现实可行性，也是我们排污权交易制度历史进程的一个标志性事件。

2003 年，江苏南京与江苏太仓顺利实施了 SO_2 排污权的异地交易，开创了中国首例跨区域交易。交易双方分别为南京下关发电厂与太仓港环保发电有限公司。2004 年，南通市泰尔特公司和亚点毛巾厂也顺利实施了化学需氧量（COD）的排污权交易。泰尔特公司将 COD 排污指标剩余量按照每吨 1000 元的交易价格出售给亚点毛巾厂。

基于《中华人民共和国大气污染防治法》的规定，我国划定了"两控区"，并开始实施 SO_2 排放总量的控制。"十一五"期间，我国把 SO_2 排放总量控制作为约束指标，采取了脱硫优惠电价"上大压小"、限期淘汰、"区域限批"等一系列政策措施，取得了显著成效。

2007 年后，国务院联合各部委相继在江苏、浙江、湖南、湖北、山西、陕西、内蒙古、河南、河北和天津 10 个省市开展排污权有偿使用和交易试点。此后，国务院又进一步出台《"十二五"节能减排综合性工作方案》等涉及排污权交易的具体方案，指出需要预留一部分 SO_2 和 NO_x 的排放量用于排污权有偿分配和试点交易，这些实践工作和具体政策积极推动了我们排污权交易的总量控制，也推进了我国大气环境保护工作的开展。

2007 年 11 月 10 日，我国第一个排污权交易中心在浙江省嘉兴市挂牌成立，这标志着国内排污权交易制度进一步正式化和规范化，也为我们排污权交易走向国际化奠定基础。

2008 年 5 月，天津产权交易中心、中油资产管理有限公司、芝加哥气候交易所三家单位联合筹建天津排污权交易所，交易标的物不仅涉及 SO_2、COD 等传统污染物，而且还涉及温室气体排放权、经济生产发展机制技术，以及其他可定量化、指标化和标准化的交易产品。

2008 年 10 月 27 日，湖北省政府印发了《湖北省人民政府印发＜湖北省主要污染物排污权交易试行办法＞的通知》（鄂政发〔2008〕62 号），这标志着我国首个省级排污权交易机制的形成。至 2013 年 12 月，湖北省共进行了 7 次交易活动，其中前 3 次交易作为试验，均采取拍卖的方式，参与的企业也很少，交易的内容主要包括我国"十一五"期间的 SO_2 和 COD 的总量指标。"十二五"期间，湖北省排污权交易对象增加为 4 类，开展全新的交易活动有 4 次，很多企业都参与其中，交易的基础价格得到了显著增长。但是同国内其他省份，如浙江省和江苏省相比，湖北省的排污权交易试点地区还是相对比较少，无论是交易总量，还是交易次数，以及参与的企业数量都有明显差距。

自 2013 年底开市交易以来，北京市碳排放权交易市场的碳排放配额累计成交量达 526.7 万吨，累计成交 1400 笔，累计成交额 2.36 亿元人民币。2013 年前 5 个月，线上公开交易量和交易额比上年同期分别增长 330% 和 300%，这些数字有力地证明碳排放权交易市场日趋成熟，交易活跃度也日趋提升。

2014 年 8 月，国务院印发的《关于进一步推进排污权有偿使用和交易试点工作的指导意见》指出："截至 2015 年底，交易的试点地区要妥善核定好现有排污实体的排污权，到 2017 年底试点地区应建立排污权有偿分配制度和交易制度。"该《意见》的发布将促进主要污染物排放总量的减少，有利于发挥市场机制在污染物减排和环境保护中的作用，为全面推行排污权有偿使用和交易制度奠定基本格局。

上述实践活动都进一步促进了大气污染排放权交易制度的完善和实施。

7.2　理论发展的主要趋势

（1）在方法应用上，目前适用于排污权分配效率的方法使用最多的是 DEA 方法，排污权的分配方案也多种多样，除了 DEA 模型测算效率，也可用 ZSG-DEA 模型对排污权进行总量分配以改进效率，LCA（life-cycle assessment），IIPV（identically-distributed independent private value）、拍卖模型、博弈论的方法也将更多地被应用排污权分配和交易的研究中去。

（2）在研究领域上，关于 SO_2，NO_x，CO_2 的排污权分配与交易的研究比较多，未来应对其他大气污染物的排污权权分配与交易进行更多的讨论和研究，比如对于 VOC_x、COD、NO_x、NH_3-N 和 $PM_{2.5}$ 的研究。

（3）在交易对象、交易价格、交易方式、交易地点方面，虽然研究的整体交易方式和模式框架基本相同，但是更多的大气污染物会被纳入研究的交易对象，初始交易金额的核算方式需要进一步研究，交易方式也会多样化、科学化。

（4）对不同区域的大气污染物交易研究，尤其对于大气污染的区域复合型污染物的治理研究等会进一步增加。

7.3　国内实践存在的问题

（1）富余的环境容量难以科学准确地量化，使总量控制等相关分配政策的实施受到一定阻碍。进行排污权的初始分配要充分考虑各个地区的环境容量，排污权的分配总量和交易总量不能突破环境容量，否则会造成污染物排放量指标过大，超出环境所能承受的范围。实施排污权交易制度之前要对环境容量进行科学的计算评估，但是就目前的衡量水平而言，这是一项核算难度大、技术要求高的任务。

（2）污染物的交易对象涉及的类别较少，目前对于雾霾污染的排污权交易还没有科学成熟的交易办法。污染物交易对象中关于 SO_2 和 CO_2 的排污权交易是最为成熟的，而对 COD、NO_x、NH_3-N 等污染物排污权交易的实践相对比较缺乏，虽然总体来看交易的模式框架和交易方式大致相似，但是不同污染排放物的污染途径、污染排放量和危害是不同的，尤其是 $PM_{2.5}$ 等颗粒物排放造成的雾霾污染，亟须根据其污染特征设计相应的交易机制。

（3）缺乏完整的法律保障机制，也缺乏对配套排污交易的管理制度和监督机制的研究。排污权交易机制仅仅通过市场机制来配置污染物的排放权利，往往会造成排污权配置的盲目性和滞后性。政府作为宏观调控的重要主体，不仅要强化对于排污权交易制度的监管职能，还应该积极倡导公众参与，让公众了解排污权交易制度的内容和意义，让全体公民共同监督。对于大气污染这类公共物品进行规制的方法一般有两类：税收规制[1]和排污权交易[2]。许多学者研究了税收规制对污染排放的影响[3~10]。虽然税收规制简单易行，GDP 损失相对较小，但是减排效果较差，不确定性较大，依靠单一的碳税政策难以确保减排目标的实现[11]。

另一类是排污权交易。基于 Dules 的排污权交易理论，美国国家环保局于 20 世纪 70 年代后期制定公布了"总量控制与交易"规则，并于 1995 年初推行"酸雨计划"等。进入 21 世纪后，大气污染物排放权的分配与交易问题受到更多学者的关注[12~15]。许多学者也建议中国政府采用颁发排污许可证的方式控制大气污染[16~19]。但是，中国还没有见到针对雾霾污染物排放权的实际交易活动。主要原因之一，是缺乏针对中国雾霾污染物初始排放权分配的定量评估，而这正凸显了本章的研究价值。

7.4　排污权初始分配的含义

一般意义上的排污权交易体系主要包括三个过程，分别是排放总量的确定、排污权的初始分配以及排污权交易。而严格意义上，一个完整的排污权交易体系至少应该包含以下要素：交易系统的总量目标和特征、初始分配、交易的组织与管理、对排污企业的监督与激励以及相关政策的协调等问题[20-21]。而在这些要素中，排污权的初始分配奠定了排污权交易体系的权利和利益配置的基本格局，因此被认为是交易体系的核心内容之一。

其中，对污染物排放进行总量控制是排污权初始分配的一个重要前提。"污染物排放的总量控制是将进行总量控制的区域（如行政区域、流域等）作为一个完整的系统，综合考虑经济、社会、技术等各种条件，固定区域的环境质量目标，采取向各污染源分配污染物排放量的形式，在一定时期内将一定空间范围内排污源产生的污染物的排放总量控制在区域环境质量允许的限度内而实行的一种污染控制方式"[22]。总量控制承担了统筹全局和保护环境的责任，形成制度前端；排污权交易促成资源的优化配置，构成制度终端；而处于中间环节的初始分配则起着承上启下的作用，借助排污权的初始分配，污染物排放总量被分成若干相等的份额，按照既定的分配规则分配给不同的排污主体，由此总量控制目标得以贯彻落实。通过初始分配的环节，形成了可测量和可交易的排污权份额，排污权交易机制才可以启动。

7.5　排污权初始分配的理论基础

排污权初始分配机制的演化一直伴随着排污权分配理论的逐步发展。单从经济学角度对排污权分配和交易理论的研究来讲，排污权的初始分配主要有 3 个理论基础：资源稀缺性理论、外部性理论和产权理论。

7.5.1　资源稀缺性理论

英国著名的经济学家 Malthus 在他发表的《人口原理》中阐述了有关"资源绝对稀缺"的理论[23]。他认为伴随粮食资源算术级数增长的是人口数量的几何级数增长，通过主观性的道德抑制手段和战争、灾荒、疾病等客观性因素的积极抑制才能够控制人口的增长。他将资源的稀缺和社会的贫困归咎于人自身的自然规律，并且他也忽视了政府采取有效控制和技术进步的积极作用。

Ricard 在 *On the Principles of Political Economy and Taxation* 中也阐述了"资源相对稀缺"的理论，他认为："技术进步在经济增长中举足轻重的作用，认为技术进步可以对资源稀缺问题进行一定程度的弥补和替代，技术进步能够解决资源稀缺的不足，从而促进经济增长"[24]。该理论虽然肯定了技术进步的作用，但是忽略了技术进步对环境造成的不良影响。

Mill 在 *Principles of Political Economy* 中认为：一个国家的人口、财富和自然环境均应保持在一个静止的水平，而且这一水平要远离自然资源的极限水平，以防止出现食物缺乏和自然美的大量消失[25]。这种静态的经济思想与自然和谐思想旨在说明一旦人类社会的索取和产出超过自然所能给予的限度，社会就会失衡紊乱。

环境容量也是一种稀缺性资源，具有其他资源的普遍特点即稀缺性，一定的资源的市场价格应当是反映该资源的稀缺程度的相对价格，即它的边际成本。一旦环境资源的市场价格与反映资源稀缺程度的相对价格偏离太大就会导致环境危机的产生，如果环境资源的价格不能合理反映该资源的稀缺程度，就会产生资源配置不当并且利用过度的局面，从而直接导致环境问题的滋生。本章认为 $PM_{2.5}$ 的大气环境容量也是一种稀缺性资源，$PM_{2.5}$ 一旦排放过多就会造成对 $PM_{2.5}$ 的大气环境容量的压力，$PM_{2.5}$ 的大气环境容量是 $PM_{2.5}$ 的排放上限，要对 $PM_{2.5}$ 的排放进行控制，一旦排放量超过该上限，势必造成严重的雾霾污染，对个体、社会造成不可挽回的损失。分配和交易的 PM$_{2.5}$ 排放权价格会在一定程度上反映环境容量的稀缺性，一旦 PM$_{2.5}$ 排放权的价格不能正确反映该资源的稀缺程度，就会造成大气环境污染。

7.5.2　外部性理论

Samuelson 和 Nordhaus 认为：“外部性是指那些生产或消费对其他团体强征了不可补偿的成本或给予了无须补偿的收益的情形”[26]。或者如兰德尔的定义，外部性是用来表示“当一个行动的某些效益或成本不在决策者的考虑范围内的时候所产生的一些低效率现象；也就是某些效益被给予，或某些成本被强加给没有参加这一决策的人”。

许多经济学家对外部性理论的发展做出了重要贡献，但是具有里程碑意义的经济学家却是寥寥无几，其中有 3 位经济学家的名字是不得不提及的，他们的理论在外部性理论衍化过程中具有十分重要的意义。这 3 位经济学家的名字就是 Marshall、Pigou 和 Coase。

剑桥学派的 Marshall 最早提出了“外部性”的概念[27]。Marshall 在 *Principles of Economics* 中认为可以把经济中出现的生产规模扩大的现象划分为两种类型：一种类型是“外部经济”，也称“外部规模经济”，该理论认为生产的扩大普遍来源于产业的发展，个体会从社会经济活动的发展中获得利益，而这些受益者也不用付出一定成本和代价；而另一种类型是“内部经济”，也称“内部规模经济”，该理论认为生产的扩大主要来源于企业内部的组织管理和资源配置的效率。

Marshall 的学生 Pigou 在他所著《福利经济学》中更加深入地完善了有关“外部性问题”的研究[28]。他分别阐释了“外部不经济”和“内部不经济”两个概念，并且基于社会资源配置最优的角度，利用边际分析的方法，提出并阐述“边际社会净产值”和“边际私人净产值”两个概念。Pigou 也首次基于福利经济学的角度，采用当代经济学的研究方法系统地分析和研究了“外部性”问题，并且基于 Marshall 提出的“外部经济”的概念，进一步拓展并扩充了“外部不经济”的内容，将外部性问题的研究从外部因素对企业的影响效果转向企业等个体对其他企业个体的影响效果。这种转变也恰好呼应了上述两类有关外部性的定义。

Coase 的《社会成本问题》基于对 Pigou 理论的批判构成了“Coase 定理”[29]。“Coase 定理”进一步倡导了“经济自由主义”的理念，深入地强化了“市场是美好的”这一论调。Coase 将 Pigou 理论纳入自己的理论框架之中，他认为在交易费用为零的前提下，无需用“Pigou 税”来解决外部性问题，市场机制会使资源配置达到帕累托最优；而在交易费用不为零的情况下，要根据成本-收益的总体比较来分析和解决外部性问题，不同的产权制度导致的交易成本和资源配置效率是不同的，这要视不同情况来进行相应分析。可见"Coase 定理"是基于 Pigou 理论发展而来的。有的学者认为"Coase 定理"彻底否定了 Pigou 理论，事实并非无此，"Coase 定理"是对 Pigou 理论的一种扬弃。

负外部性的存在会导致环境资源的利用效率达不到帕累托最优，而正外部性的存在又会导致厂商产量供给不足，"外部性问题"造成环境质量越来越差，这也是环境问题滋生的重要原因。本章将能源消费列入投入指标，投入定量的能源消费可能会相对较高的 GDP，一旦投入的能源消费相对于 GDP 产出过量，能源消费的边际效益逐渐降低，不仅没有带来 GDP 的相应增长，反而导致许多大气污染物的大量排放，对环境造成严重的污染和破坏，危害其他个体甚至整个社会。这种负外部性的现象的出现说明能源消费的过量导致环境效率低下，导致环境问题的滋生。

7.5.3　产权理论

产权理论的部分内容是基于对外部性理论的批判而产生的，产权理论在当时是兼具超前性和创新性的理论。产权理论认为一旦对稀缺资源产权界定不清楚，就会直接导致"外部不经济"，如果界定清楚稀缺资源的产权，那么"外部不经济"将不会存在。

Coase 的产权理论的形成和发展大体上可以分为以下两个阶段：第一个阶段始于 20 世纪 30 年代，该阶段的代表作是 Coase 于 1937 年在伦敦经济学院学报《经济学家》上发表的《企业的性质》，该文试图分析企业在整个市场机制中所扮演的角色，克服市场机制中存在的摩擦问题，关键在于制度的创新；第二个阶段自 20 世纪 50 年代末到 20 世纪 60 年代中期，该阶段的代表作是 Coase 于 1960 年发表的著名论文《社会成本问题》，Coase 在文中并没有定义"外部性"的内涵，但是提出并阐述了"交易成本"这一概念。Coase 认为 Pigou 基于错误的思路探讨了外部性问题，他在《社会成本问题》中证明了在交易费用为零的前提下 Pigou 的分析是完全错误的，因为初始的权利无论基于什么方式进行分配，最终资源都会通过市场交易和自愿协商的方式达到最优配置，即最终都达到帕累托最优；如果交易费用不为零，那么制度安排与选择会起决定性作用，这要视情况进行深入讨论。Coase 定理可被归纳如下：如果产权界区不清晰，交易成本又不为零，那么市场机制就会因为外在性问题的存在而失灵；而在产权明晰的前提下，只要交易费用大于零，那么产权在主体之间的分割和分配方式都会影响资源配置的最终效率。所以，分析产权界区是经济学的首要任务，资源配置是否有效以及有效程度将直接取决于产权界区的清晰度。

随后 Stigler 将 Coase 的上述主要思想概述为"定理"[30]，虽然 Coase 本人并没有对他的思想进行这一总结和概括，并且他自己后期也并不很赞同"定理"，但是后来的许多经济学家都承认了该思想的意义，并将"定理"与 19 世纪的"Say's 定理"相提并论。

因为 Coase 本人没有对他的思想进行直接准确地概括，间接造成了 20 世纪 60 年代以后的西方产权理论研究者对它产生了不同理解，这些研究者对定理做出了至少 3 种不同的阐释和定义。与之相适应，20 世纪 60 年代以后的现代西方产权理论主要形成了三个不同的流派：以 Williamson 为代表的交易成本经济学、以 McGill 为代表的公共选择学派及以 Sehultze 为代表的自由竞争派[31]。以 Williamson 为代表的交易成本经济学认为，市场运行及资源配置有效与否，关键取决于两个因素：一是交易的自由度大小，二是交易成本的高低[32]。他们认为交易成本有广义和狭义之分；以 McGill 为代表的公共选择学派是由 Wicksell 的契约理论发展而来的，他们不同意关于资源配置的帕累托准则，而强调所有权、法律制度对于制定和履行契约的重要作用；以 Sehultze 为代表的自由竞争派认为，交易成本经济学所刻画的外在性并非是市场机制的惟一缺陷，除此之外还有其他障碍破坏市场交易和资源的有效配置。

上述经济学家对产权理论的讨论表明：只有界定清楚环境资源的产权问题，才能成功实施排污权的分配和交易，而且在使用环境资源过程中产生的费用、成本和收益也需要根据产权来划分的，一旦产权没有界定清楚，就会造成市场机制调节失灵，并最终影响资源的配置效率。本章利用总量目标的初始分配方式对 $PM_{2.5}$ 的排放权进行了分配，只有对本书中的 29 个省、直辖市的 $PM_{2.5}$ 的排放权实现清晰界定，才能够顺利实施 $PM_{2.5}$ 的交易，尽早促成 $PM_{2.5}$ 排放权交易体系的建立，真正达到雾霾减排的目的。

7.6　基于 DEA 模型对排污权分配研究

排污权分配的效率是衡量排放权分配在各个主体间是否有效的重要依据。数据包络分析（data envelopment analysis，DEA）正是一种评价多投入多产出决策单元效率的方法，该方法在评估排污权分配效率的应用中得到了广泛推广。DEA 模型的核心思想是利用投入产出数据投射出最大产出或最小投入边界。1978 年，学者提出了 DEA 模型，该模型基于规模报酬不变的前提建立，名为 CCR 模型；后来 Banker 和 Charnes 等又用规模报酬变动假设取代了规模报酬不变假设，将 CCR 模型进一步改进成 BCC 模型，由于该模型更符合现实情况，从而得到了更广泛的应用。DEA 模型按照角度来区分，又可以分为产出导向模型和投入导向模型，分别代表投入要素不变前提下如何尽可能的扩大产出来计算效率和产出不变前提下如何尽可能的缩减投入来计算效率。若要评估各个省份的生产效率或环境效率，一般可视每一个省份为决策单元（decision making unite，DMU），利用 DEA 模型评价对决策单元做效率评估[33~37]。

7.6.1　非期望产出的排放效率评估

在未考虑环境约束的情况下，通常以科布-道格拉斯函数（C-D 函数）为基础，采用 DEA 模型进行全要素生产率（TFP）的评价，并进一步将 TFP 分为技术进步和效率变动。传统的 DEA 模型通常不考虑非期望产出，假设产出就是期望产出，即投入量不变的前提下，产出越大，表明决策单位越有效，反之效率越低；或者产出不变的前提下，投入越小，说明决策单位越有效，反之效率越低。"传统 DEA 的相对效率评价思想要求投入必须尽可能地缩减而产出必须尽可能地扩大，即满足以最小的投入生产尽可能多的产出。"但是实际生产过程并非如此，一些生产过程带有明显的副产品，其中很多是我们所不期望产生的产出，称为"非期望产出"（undesirable output/bad output），如伴随着纸的生产也排放出大量的污水、废气等副产品，各种化石能源的消费使得 GDP 增加的同时也导致各种大气污染物的排放，甚至雾霾天气的持续。事实上在 DEA 进行效率测算的初始，很多的研究都忽视了非期望产出这个要素[38~42]。而这些研究排除了非期望产出，这必然导致生产的理想产出。

不同于期望产出的设定，这些非期望产出只有尽可能地减少才能实现最佳的经济效率，而传统的 DEA 模型要实现经济效率最佳却只能使之增加，这违背了效率评价的初衷。大气污染物的排放属于非期望产出，其产出越多意味着分配效率越低，产出越少意味着分配效率越高，而传统的 DEA 模型假设产出为期望产出，产出越多意味着分配效率越高，产出越少意味着分配效率越低。传统的 DEA 模型对于非期望产出的处理显然不再有效。而为了使 DEA 模型能够有效地衡量包含非期望产出的环境效率，一些学者对传统的 DEA 模型进行了有益的改进[35~44]。

早期 Pittman 把如污染物排放等的非期望产出转化成影子价格进行处理[45]。Färe 等最早设置非期望产出的弱可处置性来处理污染等变量，他的主要思想在于像污染等非期望产出的减少必须伴随期望产出的减少[35]。Zofio 和 Prieto 表达了和 Färe 相同的意思：若要遵循某种污染等非期望产出的约束，则必须要牺牲掉相应的规制成本，他们提出一个双曲线形式的非线性规划办法来处理非期望产出（双曲线法）。有学者分别运用该方法测算了环境效率[46-47]。该方法较好地反映了环境效率度量的过程，也能反映实际的生产过程，但是由于其涉及非线性规划问题，求解比较困难，即便给出了近似的替代方法，也会影响了模型计算的精确度，实际应用上受到了极大限制。

Hailu 和 Veeman 则把非期望产出变量作为投入进行处理（非期望产出作投入

法)[43]。Gollop 和 Swinland 利用该方法测算了美国农业的全要素生产率[48]，Pitman 也利用该方法分别对是否考虑非期望产出要素的评价效率进行了对比[45]。此外有人提出一个倒数转换办法处理非期望产出变量（倒数转换法），即把非期望产出 Y_b 的值变换为 $1/Y_b$，并把 $1/Y_b$ 作为期望产出处理[49]。非期望产出作投入变量以及作产出的倒数处理，这两种方法的主要目的都是在减少非期望产出的前提下不影响期望产出的提高，运用传统 DEA 模型就可以处理。这两种方法均能够较好地区分不同企业环境效率的差别，但由于它们都忽视了企业实际生产过程的重要性，并不能真正表明企业生产过程的本质，最终会影响计算结果的精确度以及模型的使用推广。

同时学者还提出另外的效率评估方法，他们首先用-1 乘以非期望产出，然后寻找一个恰当的转换向量将所有负的非期望产出变成正值（转换向量法）[49]。在此基础上尝试构建了在规模报酬可变（VRS）条件下处理非期望产出的 DEA 方法。这种方法很好地解决了非期望产出的效率评估问题，不仅增加期望产出，还能够同时实现减少污染排放的目的，这也较好地解释了现实问题。但是这种 DEA 方法必须需要加入一个较强的凸性约束 $\sum \lambda = 1$，使得它只能在规模报酬可变（VRS）条件下来求解效率，假如缺少这一约束条件，该线性规划模型很有可能无解，并且这种方法区别有效决策单元的能力较弱，该模型的使用推广也受到了一定的限制。

有学者提出了基于产出角度与弱可处置性的方向性距离函数（方向性距离函数法）[50]，该方法在实际应用中得到了广泛的使用和推广。把 CO_2 与能源消费作为非期望产出，采用该方法探讨了 CO_2 排放、GDP 与能源消费的关系，结论表明减少 CO_2 的同时可以达到扩大 GDP 的目的[51]。由于方向性距离函数的 DEA 模型可以较好地解决非期望产出的评估效率问题，所以该方法在实证研究中得到普遍的使用。有学者使用该方法评估了 92 家发电厂的环境效率[52]。有学者使用方向性距离函数方法评估了 59 个国家和地区将 SO_2 和 CO_2 纳入非期望产出后的环境效率的增长及收敛趋势，结果显示在 1965～1990 年，将 SO_2 和 CO_2 纳入非期望产出后的环境效率的增长要低于忽略非期望产出时的环境效率增长情况，美国等发达国家和地区考虑非期望产出前后的生产率的增幅较小，而发展中国家和地区的生产率增长趋势比较明显，收敛趋势也比较明显。中国的台湾等新兴地区生产率的增幅则呈现明显的下降趋势，这说明台湾等新兴工业地区生产率绩效是以牺牲公民其他的福利为前提而获得的[53]。更有学者给出了径向 DEA 模型和非径向 DEA 模型相对效率值大小关系和决策 DEA 有效性的等价性等问题的证明，证明了非径向 DEA 模型更能较好地评价决策单元的有效性。由于方向性距离函数方法较好地评估解释了非期望产出的效率，所以在相关文献中得到较为普遍的使用，但是 Tone[55]已经证实该模型存在着明显的松弛性问题，不能很好地解决模型因松弛性问题导致大环境效率度量不准确的缺陷，而国内的相关研究较少注意到该问题。

Tone 考虑到由于角度和径向的选择导致的投入和产出松弛性问题，提出运用基于松弛测度的 DEA 模型来处理非期望产出（slacks based measure，SBM）[44]。基于松弛测度的非角度、非径向的 SBM 模型尝试把松弛变量直接放入了目标函数中，SBM 模型法不仅解决了投入松弛性的问题，而且也解决了非期望产出存在下的效率评价问题，它能够直接避免径向和角度选择的差异带来的误差和影响，相比其他模型该方法更能反映效率评估的本质。国内学者分别考虑非期望产出要素，进一步将该模型改进成 SBM-Undesirable 模型，测算了考虑非期望产出的效率，并且进一步分析了投入要素和非期望产出的冗余率[56~59]。其他学者也分别做了类似的研究[60~62]。

7.6.2　基于 ZSG-DEA 模型的大气污染物排放权的分配

上述非期望产出模型的理论研究表明经济增长和环境改善存在同时获得的可能性，但对于大多数地区而言，尤其对于欠发达地区，减少污染物的排放容易造成经济的下滑，且经济的下滑对于欠发达地区来说影响尤为明显，大气污染物的减排对于这些欠发达地区更多的是一种软约束力，加上环境的外部性问题，这些地区主动减排的动力不足。即使是各地区大气污染排放交易体系生效后，减排量由软约束变为硬约束，各个地区也会进行政治性运作以放松污染物排放约束。最可行的办法是总量控制和免费分配，循序渐进地减少各个省份的排放权配额。国内学者曾采用线性规划等方法对大气污染物进行分配研究[63~65]，但未涉及多个省份污染排放权分配效率的评价。然而，这些改进的 DEA 模型仍然基于非期望产出的增加或者减少在 DMU 之间是相互独立的这一假设，并未考虑 DMU 之间的合作或者竞争。而基于总量目标的减排责任分摊，要求非期望产出在各 DMU 之间的分配具有相关性，某一低效的 DMU 为提高效率减少非期望产出，必然要求其他 DMUs 增加非期望产出，此时传统 DEA 模型无效。针对这种情况，提出了 ZSG-DEA 模型（zero-sum gains DEA，ZSG-DEA）[66]，该模型可以针对各个 DMU 的 DEA 效率对非期望产出的分配方案进行调整，进一步改进各 DMU 的 DEA 效率。基于《京都议定书》的框架，学者们利用该模型对各国家 CO_2 的排放权进行了重新分配[67]。国内学者使用 ZSG-DEA 模型对欧盟国家 2009 年的碳排放权的分配结果进行了评价，发现碳排放效率比较低，后又按照 ZSG-DEA 模型的迭代结果，计算了公平的碳排放权分配结果以及调整方式矩阵[68]。基于同样的方法，以大气污染物 SO_2、NO_x 的排放量作为非期望产出的指标，计算了 SO_2、NO_x 的排放效率，并基于初始效率作了进一步改进，对各省份的排放权在省域间做了新的分配[69]。有学者利用投入导向的 ZSG-DEA 模型进行碳减排责任分摊的可行性研究[70]，计算结果表明，仅有 9 个省区达到 DEA 有效，需要对碳排放配额进行再分配利用。此方法在控制排放物总量前提下多个决策单元分配效率的评估研究中得到了广泛的应用[71~73]，本章也采用了此方法进行研究。

　　但是，要特别强调的是，基于 ZSG-DEA 模型对污染排放权进行分配的研究文献，均未考虑各分配单元的实际情形（将各分配单元同质化看待），如未考虑各分配单元（此处指各省区）的国土面积大小和大气环境容量这两个因素。因此，本章基于分配效率视角，考虑各省国土面积和限于全国 PM$_{2.5}$ 达标约束下的一次PM$_{2.5}$ 的大气环境容量这两个因素，利用 ZSG-DEA 模型对各省区 PM$_{2.5}$ 的减排责任分配效率进行分析，并按照 ZSG-DEA 模型进行迭代计算，尝试给出 DEA 有效的分配方案。

7.7　模型的设定

7.7.1　传统 DEA 模型

　　DEA 模型是用来评价多投入多产出决策单元效率的方法，在实际应用中比较广泛，它的核心思想是利用投入产出数据测算最大产出或最小投入的边界。基于不同的规模报酬假设分别提出了 CCR 模型和 BBC 模型，这两种模型又可以划分为产出导向型和投入导向型，由于 BCC 模型在规模报酬可变前提下进行相对效率评价，相比在基于规模报酬不变条件的 CCR 模型更贴合实际。如利用传统 DEA方法对目标决策单元 DMU_0 进行相对效率评价的投入导向型的 BCC 模型可用下式（7-1）表示（若去掉凸性约束条件 $\sum_i \lambda_i = 1$，即为 CCR 模型）。

$$
\begin{aligned}
&Min \quad h_0 \\
&\text{其中，} h_0 x_0 \geqslant \sum_i \lambda_i x_i \\
&\sum_i \lambda_i y_i \geqslant y_0 \\
&\sum_i \lambda_i = 1 \\
&\lambda_i \geqslant 0
\end{aligned}
\tag{7-1}
$$

其中，h_0 为 DMU_0 的相对效率；λ_i 为权重系数；x_i 和 y_i 分别为 DMU_i 的投入量和产出量，$i = 0, 1, \cdots, n$。

7.7.2　SBM-Undesirable 模型

上述传统 DEA 模型存在一个很大的弊端，它属于径向和角度的 DEA 度量方法，而这种方法会导致投入要素"松弛"问题，当存在投入或产出的非零松弛时，径向的 DEA 模型会造成 DMU 的生产率偏高，而角度的 DEA 模型仅仅关注投入角度或者产出角度，因此计算的效率结果不够准确。

如图 7-1 所示，X_1，X_2 表示生产过程的两种投入和生产过程中 Y 产出的。其中 C 点和 D 点为帕累托最优状态下的有效点，生产效率均为 1，EE'则为构成的效率前沿面，而 A'和 B'点为无效率点。根据径向 DEA 模型的效率度量方法，A'的效率为 OA/OA'，B'点的效率为 OB/OB'，位于效率前沿面 EE'的点 A 和点 B 是 A'和 B'点投射的效率参照点。但是比较 A 点和 C 点可以得出：在保证生产率有效为 1 的前提下，相比较 C 点的生产，A 点的生产可以通过减少 CA 的 X_2 的投入量而和 C 点生产同样单位的产出 Y。结果表明，A 点并不是真正有效率的点，因为存在着投入要素 X_2 的松弛，B 点情况与 A 点相同。当从产出角度刊松弛性问题时，产出角度的松弛量也会不一样。

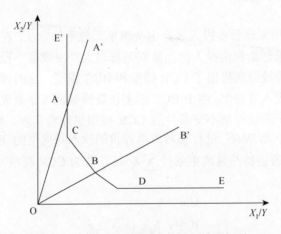

图 7-1　传统 DEA 模型中的投入松弛问题

为克服径向和角度的 DEA 模型的弊端，Tone 提出了"非径向"、"非角度"的 DEA 模型[44]。

假设有 n 个 DMU_s，并且每个 DMU 都包括 3 个向量，它们依次是投入向量、期望产出向量和非期望产出向量，并且这三个向量分别表示为 $x \in R_m$，$y^g \in R_o$，$y^b \in R_r$。我们定义矩阵 X，Y^g，Y^b 分别为 $X = (x_{i,j}) \in R_{m \times n}$，$Y^g = (y_{i,j}^g) \in R_{o \times n}$，

$Y^b = (y_{i,j}^b) \in R_{r \times n}$，依据实际中投入产出的现实状况，本章假设 $X \geqslant 0$，$Y^g \geqslant 0$，$Y^b \geqslant 0$。生产可能性集合设为 P，即 M 种要素投入 X 所产生的期望和非期望产出的所有组合，如式（7-2）所示：

$$P = \left\{ (x, y^g, y^b) \middle| x \geqslant \lambda X, y^g \geqslant \lambda Y^g, y^b \geqslant \lambda Y^b, \lambda \geqslant 0 \right\} \tag{7-2}$$

根据定义，考虑非期望产出的 SBM-Undesirable 模型如式（7-3）所示：

$$\rho^* = \min \frac{1 - \dfrac{1}{M} \sum_{m=1}^{M} S_m^x \Big/ X_{m0}}{1 + \dfrac{1}{O+R} \left(\sum_{o=1}^{O} S_o^g \Big/ y_{o0}^g + \sum_{r=1}^{R} S_r^b \Big/ y_{r0}^b \right)} \tag{7-3}$$

其中，

$$x_0 = \lambda X + S^x, y_0^g = \lambda Y^g + S^g, y_0^b = \lambda Y^b + S^b$$

$$S^x \geqslant 0, S^g \geqslant 0, S^b \geqslant 0, \lambda \geqslant 0$$

式中 S^x, S^b 分别表示投入和非期望产出的过剩或冗余；而 S^g 代表期望产出的不足；ρ^* 为目标函数且是严格递减的，它的取值范围为（0~1），当 $\rho^* = 1$ 时，代表决策单元完全有效率，此时 $S^x = S^b = S^g = 0$，投入和非期望产出的过剩以及期望产出的不足不存在，当 $\rho^* < 1$ 时，表示决策单元无效率，并且存在效率损失，即 S^x, S^b, S^g 三者中至少有一个变量不等于 0，此时可以通过优化投入量、期望产出量和非期望产出量来改善效率。该模型虽然是一个非线性规划模型，但是可以采用转换方法将非线性规划模型转换成线性规划模型进行求解。

从上式（7-3）中可以看出，与传统 DEA 模型不同，SBM 模型的目标函数直接纳入了投入和产出的松弛变量，从而能够直接测量松弛所造成的与最佳生产前沿面相比较的无效率损失，不仅解决了传统 DEA 模型中投入和产出松弛性的问题，剔除了松弛变量所致使的非效率因素，而且有效地解决了考虑非期望产出变量的效率评价问题。同时"非径向""非角度"的 DEA 模型能够避免单位量纲不同和角度选择差异产生的影响和偏差，相比其他模型更能体现生产率评价的本质。

SBM-Undesirable 模型不仅能够评估每个考虑非期望产出的决策单元的环境效率值，也可以测算相比最优决策单元，无效率决策单元的投入冗余率和期望产出不足率、非期望产出冗余率，进而为各决策单元提供相应的效率改善目标。当决策单元存在无效率损失时（即 $\rho^* < 1$）时，基于松弛变量 S^x, S^b, S^g，可以将考虑非期望产出的无效率损失的来源分解为：①投入冗余 $IE_x = \dfrac{1}{M} \sum_{m=1}^{M} s_m^x / x_{m0}$，表示投入要素的可缩减比例；②期望产出不足 $IE_g = \dfrac{1}{O+R} \sum_{o=1}^{O} s_o^g / y_{no}^g$，表示期望产出

的可缩减比例；③非期望产出冗余 $IE_b = \dfrac{1}{O+R}\displaystyle\sum_{r=1}^{R} s_r^b / y_{ro}^b$ ，表示期望产出的可扩张比例。

7.7.3　ZSG-DEA 模型

上述 3 个模型均假设各 DMU 的投入之间或者产出之间是相互独立的，即某一 DMU 对于某项投入的使用量不会影响其他 DMUs 对于该项投入的使用量，某一 DMU 的产出也不会影响其他 DMUs 的产出。运用传统 DEA 模型进行效率评估时，各个的投入是彼此相互独立的，各个 DMUs 的产出也是彼此相互独立的。但是如果保持某一投入指标和某一产出指标的使用总量保持固定不变时，那么效率较低的 DMU 为会通过投入量的减少或者产出量的增加来提高效率，这就会导致其他 DMU 增加投入量或者减少产出量，此时传统 DEA 模型对于各个的投入或产出的彼此独立的假设明显不适用于 ZSG-DEA 模型。这种现象好比零和博弈，某个局中人一旦受损或受益就会造成局中其他人的受益或受损，总体来看整局既不受益也不受损。总量目标的固定使得传统 DEA 模型不能有效解决大气污染物排放权的总量分配问题。

Gomes 和 Lins[67]提出的 ZSG-DEA 模型很好地解决了这个问题，该模型通过迭代计算来使全部 DMUs 达到相对有效[67]。在投入导向模型中，若 DMU_0 为非 DEA 有效的决策单元，其 ZSG-DEA 效率值为 h_{Z0}。为了实现 DEA 有效，DMU_0 必须减少对投入 x_0 的使用，减少量为：

$$\Delta x_0 = x_0(1 - h_{Z0}) \tag{7-4}$$

其中，x_0 为 DMU_0 投入量；Δx_0 为 x_0 的减少量；h_{Z0} 为 DMU_0 在 ZSG-DEA 模型下的相对效率。对于式（7-4）中减少量 Δx_0 的处理，有两种策略，即相等增加策略和比例增加策略[66]。相等增加策略的使用效果具有局限性，该策略只有当 $\dfrac{\Delta x_0}{n-1} \leqslant \min(x_i)$（$n$ 为决策单元个数）时才可以使用，否则会致使一些 DMU_s 产生新的非期望产出。而比例增加策略可以规避这种局限，因此本章采用第二种策略。根据该策略，低效率的 DMU_0 为了提高效率必须减少投入量 Δx_i，比例增加策略要求其他（$n-1$）个 DMU_s 按照各初始的投入值为基础，等比例增加各自的投入量，对 x_i 的使用量越多，增加量也越多。比例增加策略意味着其他每个 DMU_i 增加额为：

$$\frac{x_i x_0}{\displaystyle\sum_{i \neq 0} x_i}(1 - h_{Z0}) \tag{7-5}$$

其中，x_0 为 DMU_0 投入量；x_i 为 DMU_i 的投入量；h_{Z0} 为 DMU_0 在 ZSG-DEA 模型

下的相对效率；$\sum\limits_{i\neq 0} x_i$ 为除 DMU_0 之外的所有 DMU_i 投入量总和。

依照比例增加策略，利用 ZSG-DEA 方法对决策单元 DMU_0 进行相对效率评价的投入导向 BCC 模型如公式（7-6）所示。

$$\min\ h_{Z0}$$

其中，

$$h_{Z0}x_0 \geqslant \sum_i \lambda_i x_i \left(1 + \frac{x_0(1-h_{Z0})}{\sum\limits_{i\neq 0} x_i} \right) \qquad (7\text{-}6)$$

$$\sum_i \lambda_i y_i \geqslant y_0$$

$$\sum_i \lambda_i = 1$$

$$\lambda_i \geqslant 0$$

其中，x_0 和 y_0 分别为 DMU_0 的投入量和产出量；x_i 和 y_i 分别为 DMU_i 的投入量和产出量；h_{Z0} 为 DMU_0 在 ZSG-DEA 模型下的相对效率；λ_j 为权重系数。根据式（7-6）中的 h_{Z0} 值和相关参数，可以调整 x_i 在各 DMU 之间的分配方式，不仅可以使 x_i 的总量保持不变，而且改进了各个 DMU 的效率。

一般情况下，ZSG-DEA 模型属于非线性规划问题，一些效率不为 1 的决策单元组成合作集 C。比例增加策略认为，当合作集中的决策单元通过比例增加策略达到效率前沿面上的目标时，决策单元们在 ZSG-DEA 模型下的效率与它们对应的原始 DEA 模型中的效率是成比例的。Lins 和 Gomes 已经证明出 ZSG 前提下 h_{Zi} 与 h_i 呈线性关系[66]。如式（7-7）所示：

$$h_{Zi} = h_i \left(1 - \frac{\sum\limits_{j\in C}[x_j(q_{ij}h_{Zi}-1)]}{\sum\limits_{j\notin C} x_j} \right) \qquad (7\text{-}7)$$

其中，$j = 1,2,3\cdots n$ .C 表示所有非期望产出效率不为 1 的省份组成的合作集，h_i 与 h_{Zi} 分别为 DMU_j 的初始效率及分配后效率值。$q_{ij} = h_i/h_j$ 为第 i 省与第 j 省的传统效率比值，x_j 为 DMU_j 的投入量,经过该式可计算出各省份达到新的 ZSG 前沿面上的效率 h_{zi}。

7.8　指标说明与数据描述

7.8.1　指标说明

本章借鉴国内外学者对于环境效率的研究思路和指标选择分别设立了 5 个投

入指标和两个产出指标[75~78]。投入产出指标的描述如表 7-1 所示。

表 7-1　投入产出指标的描述

指标类别	指标名称	核算内容	单位
投入	煤类	煤炭、焦炭	万吨
	石油类	原油、汽油、煤油、柴油、燃料油	万吨
	气类	天然气消费量	亿立方米
	劳动力	劳动者报酬	元
	资本	固定资产投资	亿元
期望产出	经济水平	GDP	亿元
非期望产出	$PM_{2.5}$ 排放	中国各省人口加权 $PM_{2.5}$ 浓度*各省国土面积/全国 $PM_{2.5}$ 达标约束下的一次 $PM_{2.5}$ 的大气环境容量	

1）投入指标

学者们分别选取了劳动力和能源消费量为投入指标[67-68、70]，而有学者则分别选取了劳动力、资本和能源消费量为投入指标[75]。

本章借鉴了上述指标选择的思路，分别设立了 5 个投入指标，分别是煤类、石油类、气类、劳动力和资本。其中煤类指标主要包括煤炭和焦炭的消费量，石油类包括原油、汽油、煤油、柴油、燃料油的消费量，气类指标是天然气的消费量，该 3 类指标表征各省的化石能源消费结构。

2）产出指标

本章设立了两个产出指标，分述如下：

（1）期望产出指标。学者们评估环境效率时分别取经济水平作为期望产出指标，并且通常取各省 GDP 代表各省经济水平[67、70、74-75]。本章也将各省 GDP 作为衡量各省的经济水平指标。

（2）非期望产出指标。非期望产出指标的设立一般根据研究对象而定，将 CO_2 的排放量作为非期望产出指标，并且评估了 CO_2 的分配效率[67-68、70]。本章纳入"各省份面积"和"大气环境容量"指标，将"中国各省人口加权 $PM_{2.5}$ 浓度"与"各省面积"相乘并除以"全国 $PM_{2.5}$ 达标约束下的各省份一次 $PM_{2.5}$ 的大气容量"所得结果作为非期望产出指标。

首先，对雾霾的评价指标进行特别说明。当前所讨论的雾霾主要由 PM_{10} 和 $PM_{2.5}$ 构成。我国直到 2012 年才正式统计 $PM_{2.5}$ 的相关数据，2012 年之前的数据的收集与获取相当困难。目前,国内外一些学者采用自行观测的方式来获取相关数据[74-75],大部分学者均采用巴特尔研究所(Battelle memorial institute)和哥伦比亚大学国际地球科学信息网(center for international earth science information network)发布的全球 2001~2010 年 $PM_{2.5}$ 年均排放值,该数据依据研究思路[78],将遥感气溶胶光学厚度通过物理和化学模型反演、解析,获取不同湿度下的区域 $PM_{2.5}$ 的年均值。他们另外还制成了人口加权的 2001~2010 年各省的 $PM_{2.5}$ 值。本章所采用的是湿度为 35%条件下 2001~2010 年中国各个省份的 $PM_{2.5}$ 值。需要说明的是,人口加权的 $PM_{2.5}$ 值能够更加充分考虑 $PM_{2.5}$ 值对不同密度人口的实际影响,也相应地更具有说服力。因此,本章采用了人口加权的各省 $PM_{2.5}$ 值。

值得说明的是,本章在进行 $PM_{2.5}$ 排放权的再分配时,纳入了"各省份的国土面积"和"$PM_{2.5}$ 达标约束下的各个省份的一次 $PM_{2.5}$ 大气环境容量"两个指标,数据分别来源于《中国统计年鉴》(2001~2010)和相关学者的研究[79]。

其次,由于雾霾的评价指标中涉及大气环境容量,本章也对该指标作了简要说明。大气环境容量是指一个区域在某种设定的大气环境目标的约束下所允许的大气污染物最大的排放量,将大气环境容量纳入大气污染物总量控制所依据的要素中,具有重大的意义。基于不同环境目标下的大气环境容量,国内的学者进行了相应的衡量模拟[80~84]。本章采用了王金南计算的大气环境容量[80],他们利用第 3 代空气质量模型以我国 333 个地级城市 $PM_{2.5}$ 年均浓度达到环境空气质量标准为约束条件,提出了大气环境容量的迭代算法,模拟计算了全国 31 个省市区一次 $PM_{2.5}$ 的最大允许排放量,本章大气环境容量的指标的采用了该结果。

将"中国各省人口加权 $PM_{2.5}$ 浓度""各省国土面积""$PM_{2.5}$ 达标约束下的各省份一次 $PM_{2.5}$ 大气环境容量"指标进行数据的标准化,然后将标准化后的"中国各省人口加权 $PM_{2.5}$ 浓度"乘以"各省面积",再除以"全国 $PM_{2.5}$ 达标约束下的各省份一次 $PM_{2.5}$ 的大气环境容量",计算结果即为非期望产出值。

(3)指标的选用。这里根据不同的模型选用了不同的指标体系。传统 DEA 模型的使用未考虑非期望产出指标,仅仅考虑了 5 个投入指标和 1 个期望产出指标;非期望产出做投入法、SBM-Undesirable 模型和 ZSG-DEA 模型的使用考虑了 5 个投入指标,1 个期望产出指标和 1 个非期望产出指标。

其中,非期望产出做投入法将期望产出指标 GDP、投入指标能源消费量、劳动力和资本等作为 DEA 模型的产出变量进行处理,将非期望产出指标作为投入变量处理,其意义在于排放权相同的情况下,若决策单位拥有更高的 GDP 和能源消费量或者更多的资本和劳动力,则分配效率较高;或者也可理解为在 GDP、能源消费量或者劳动力、资本相等的情况下,分配的空气污染排放越少越有效。其中能源消费量以煤类、石油类、天然气这三类化石能源消耗表示各省的资源禀赋和能源消费结构。

7.8.2　数据描述

（1）数据来源。能源消费量数据取自《中国能源统计年鉴》（2001～2010），化石能源消耗量来自各省份能源平衡表（2001～2010）的煤炭、石油和天然气消费量；劳动者报酬以职工平均工资表示，资本投入则由固定资产投资代替，职工平均工资、固定资产投资、省域 GDP 及各省面积数据均来自《中国统计年鉴》（2001～2010），并以 2000 年为基准折算为不变价。其中 3 种不同的效率模型（传统 DEA 模型、非期望产出做投入法和 SBM-Undesirable 模型）使用的是 2010 的年的投入产出指标的数据，ZSG-DEA 模型使用的是 2001～2010 年的投入产出指标的数据。

（2）2010 年的投入产出指标数据。数据特征如表 7-2 所示。从表中可以看到，每个指标的最大值和最小值差异较大，偏度和峰度均不为零，且值较大。以投入指标煤为例，最大值为 40 395.47，最小值为 647.45，偏度和峰度分别为 1.07 和 0.43，数据呈现一定的右偏态和偏陡峭分布。而 $PM_{2.5}$ 浓度的最大值为 49.97，最小值为 2.54，偏度和峰度分别为 0.20 和 −0.64，数据分布略呈现右偏态，并且数据分布比较扁平，不够集中。

表 7-2　2010 年的投入产出指标的数据特征

变量	单位	均值	最大值	最小值	标准差	偏度	峰度
煤类	万吨	14 170.90	40 395.47	647.25	10 127.25	1.07	0.43
石油类	万吨	2 620.01	9 169.30	244.35	2 333.79	1.71	2.33
气类	亿立方米	37.91	175.39	1.82	35.28	2.26	6.83
劳动者报酬	元	9 250.11	17 080.17	6 812.72	2 761.61	1.55	1.70
固定资产投资	亿元	6 887.42	17 445.73	743.02	4 320.04	0.78	0.14
GDP	亿元	4 574.33	13 809.68	420.61	3 335.05	1.27	1.29
人口加权的各省 $PM_{2.5}$ 浓度值	微克/立方米	25.86	49.97	2.54	11.62	0.20	−0.64
土地面积	万平方千米	28.62	166.00	0.63	35.19	2.75	8.16
全国 $PM_{2.5}$ 达标约束下的一次 $PM_{2.5}$ 的大气环境容量	万吨	20.77	42.67	2.79	10.97	0.12	−0.51

（3）2001～2010 年的投入产出指标数据。数据特征见表 7-3。从表中可以看到，每个指标的最大值和最小值差异更大，偏度和峰度均不为零，且值也较大。

以投入指标煤为例，最大值为 27 122.51，最小值为 392.76，偏度和峰度分别为 1.15 和 0.61，数据分布呈现一定的右偏态，并且数据分布偏陡峭，而 PM$_{2.5}$ 浓度的最大值为 46.14，最小值为 2.57，偏度和峰度分别为 0.2 和–0.4，数据分布呈现一定的右偏态，并且数据分布比较扁平，不够集中。

表 7-3　2001～2010 年的投入产出指标的数据特征

变量	单位	均值	最大值	最小值	标准差	偏度	峰度
煤类	万吨	9 936.68	27 122.51	392.76	7 345.74	1.15	0.61
石油类	万吨	1 844.03	6 511.73	164.64	1 693.32	1.60	1.99
天然气	亿立方米	19.20	100.74	0.77	19.97	2.67	9.44
劳动者报酬	元	9 336.56	18 238.27	6 899.60	2 871.74	1.79	2.89
固定资产投资	亿元	3 305.28	8 869.25	378.98	2 232.98	1.02	0.58
GDP	亿元	3 892.30	12 213.16	330.94	2 968.74	1.31	1.45
人口加权的各省 PM$_{2.5}$ 浓度值	微克/立方米	27.22	46.14	2.57	11.42	–0.10	–0.68
土地面积	万平方千米	28.62	166.00	0.63	35.81	2.75	8.16
全国 PM$_{2.5}$ 达标约束下的一次 PM$_{2.5}$ 的大气环境容量	万吨	20.77	42.67	2.79	11.16	0.12	-0.51

从上述数据可见，很难用传统的计量统计方法进行分析，而 DEA 模型作为一种新的非参数统计方法，适用于对非正态分布数据的投入产出效率进行评价，尤其适用于具有多输入多输出的数据集，这也从另一个方面说明了本书所采用方法的合理性。

由于各项指标的量纲有较大差异，需进行标准化处理。所采用的方法为 min-max 标准化方法，计算公式如下：

$$b_i = \frac{p_i - \min(p_i)}{\max(p_i) - \min(p_i)} \qquad (7\text{-}8)$$

其中，p_i 表示各项投入产出指标，其中 $i = 1,2,3 \cdots 29$，代表 29 个省份，部分省份的投入产出指标进行标准化处理之后为 0 值，为避免得不到初始排放效率的解，本章将标准化处理后为 0 的值统一设置为 0.0001。

7.9　实证结果分析

本章对于两个实证结果进行了分析，①分别基于传统 DEA 模型、非期望产出做投入法与 SBM-Undesirable 模型测算了效率，结果显示考虑了非期望产出的非期望产出做投入法与 SBM-Undesirable 模型比传统 DEA 模型测算的效率要低。而 SBM-Undesirable 模型由于将松弛变量纳入目标函数，因此更体现效率的本质。②基于 SBM-Undesirable 模型测算了投入冗余率和非期望产出的过剩率。③利用 ZSG-DEA 模型对 $PM_{2.5}$ 的排放效率进行改进，并对 $PM_{2.5}$ 的排放权进行再分配。经过迭代调整，各个省市的排放效率最终都可以达到共同的前沿面。

7.9.1　基于不同模型的效率对比

运用 MaxDEA 软件，使用不考虑非期望产出的传统 DEA 模型、非期望产出做投入法与 SBM-Undesirable 模型测算的效率如表 7-4 所示，3 种模型测算的效率如图 7-2 所示。

表 7-4　不同模型的效率测算结果

地区	传统 DEA 模型	非期望产出做投入法	SBM-Undesirable 模型
北京	1	1	1
天津	0.7417	0.1108	0.3106
河北	1	0.4257	0.8627
山西	1	1	1
内蒙古	0.7126	0.2903	0.2287
辽宁	0.7620	1	1
吉林	0.6486	0.1666	0.4404
黑龙江	1	0.1495	0.6727
上海	1	1	1
江苏	1	1	1
浙江	1	0.4021	1
安徽	1	0.1244	1
福建	0.9479	0.2907	0.8358
江西	1	0.0733	1
山东	1	1	1
河南	1	0.3821	1
湖北	1	0.1166	1
湖南	1	0.0748	1
广东	1	1	1
广西	1	0.0711	1
海南	1	1	1

续表

地区	传统 DEA 模型	非期望产出做投入法	SBM-Undesirable 模型
四川	0.9630	1	0.5649
贵州	1	0.0928	1
云南	1	0.0427	1
陕西	0.7215	0.1649	0.3575
甘肃	0.9842	0.0007	0.2587
青海	1	0.0001	0.1840
宁夏	1	0.0025	0.1254
新疆	0.6212	0.0398	0.2330
平均值	0.9346	0.4145	0.7612

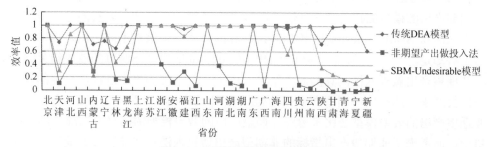

图 7-2　不同模型的效率测算结果

（1）其中基于 SBM-Undesirable 模型下测算的 29 个省市的 PM$_{2.5}$ 排放效率，北京、上海、江苏、山西、辽宁、浙江、安徽、江西、山东、湖北、湖南、广东、广西、海南、河南、贵州、云南这 17 个省市的考虑非期望产出的生产效率为 1，而在非期望产出法下测算的 PM$_{2.5}$ 排放效率中，仅有北京、上海、江苏、山西、辽宁、山东、广东、海南和四川这 9 个省市的效率为 1。结果显示：①相比较非期望产出法，基于 SBM-Undesirable 模型测算的效率，更多的省市位于模型构建的效率前沿面；②这也说明相对于其他省市来说，这些效率为 1 的省市均已达到各自模型构建的效率前沿面，投入产出要素的配置已达到最优水平，经济发展的同时较好地兼顾了资源和环境的保护。其余效率不为 1 的省市的 PM$_{2.5}$ 排放效率较低，都处于无效率水平，需要调整投入要素和产出要素的数量来改进效率达到各自有效状态。

（2）根据 SBM-Undesirable 模型下测算的效率结果可知，河北与福建两省考虑非期望产出的效率值处于全国平均效率水平以上，而内蒙古、吉林、黑龙江、四川、陕西、甘肃、青海、宁夏、新疆、天津 10 省份的考虑非期望产出的效率值处于全国平均水平以下；基于非期望产出法测算的效率结果可知，只有河

北省 $PM_{2.5}$ 排放效率处于全国平均水平，而天津、内蒙古、吉林、黑龙江、浙江、安徽、福建、江西、河南、湖北、湖南、广西、贵州、云南、陕西、甘肃、宁夏、青海、新疆 19 个省份的 $PM_{2.5}$ 排放效率处于全国平均水平以下，相比较 SBM-Undesirable 模型下测算的结果，非期望产出法下测算的结果中有更多的省市位于平均效率水平以下。由上述内容可知，效率较高的省份大多集中在东部地区，中西部地区的 $PM_{2.5}$ 排放效率较低，由此可得，我国东部省份在经济发展过程中更加注重资源和环境的保护，经济发展方式较为可持续；相比东部地区，中西部地区在经济发展过程中产生了大量的资源消耗和严重的环境污染，经济发展方式较为粗放，在大力提倡"资源节约型社会"和"环境友好型"社会的今天，中西部地区更应该全面协调、统筹发展，兼顾经济效益和资源环境效益。

（3）未考虑非期望产出的传统 DEA 模型求得的 $PM_{2.5}$ 排放效率明显高于考虑非期望产出的模型测得的效率（图 7-2）；而在考虑非期望产出要素的非期望产出做投入法和 SBM-Undesirable 模型下，测算的效率结果虽然不同，但是效率的大体走势却是基本一致的。总体来说，SBM-Undesirable 模型下测算的效率结果略高于非期望产出做投入法测算的效率结果。由于一个正常的生产过程，一定的投入不仅会产生好的产出（期望产出），也会产生坏的产出（非期望产出），所以考虑非期望产出的效率模型会比未考虑非期望产出的效率模型的测算更加准确、客观、科学；而考虑了非期望产出指标的非期望产出做投入法虽然能够较好地区分决策单元间的环境效率差异，但它并没有反映企业真正的生产过程，其计算结果相比较把松弛变量纳入目标函数的非径向非角度的 SBM-Undesirable 模型来说，它的精确度以及模型的使用推广都受到很大限制，所以 SBM-Undesirable 模型测算的效率结果更能体现效率的本质。

除了利用 2010 年的数据基于不同的模型进行的效率分析结果，本章还分别利用 2001～2009 年的投入产出指标的数据进行了 3 种不同模型下的效率对比，效率对比的呈现结果基本与利用 2010 年数据得到的结果相同，2001～2009 年基于不同模型的效率测算结果详见本章附录图表所示。

上述 3 个模型均假设各个省份的投入之间或者产出之间是相互独立的，仅仅只能评估 $PM_{2.5}$ 的排放效率，但当非期望产出指标的总量保持不变时，某一低效的省份为提高效率减少非期望产出，必然要求其他省份增加非期望产出，这种相互独立的假设显然不再成立。在大气污染物减排责任的分配过程中，对 $PM_{2.5}$ 总量固定的约束势必使得上述 DEA 方法对于提高省份的 $PM_{2.5}$ 排放效率无效，更不能科学地调整分配结果。而 ZSG-DEA 模型恰恰解决了区域大气污染排放权的总量分配问题[66-67]，不仅可以提高各个省份的 $PM_{2.5}$ 的排放效率，还可以科学地调整分配结果。

7.9.2　考虑非期望产出的 PM$_{2.5}$ 排放效率的改进潜力

SBM-Undesirable 模型考虑到由于角度和径向的选择造成的投入、产出松弛性问题，我们可以根据松弛变量的大小求得投入和非期望产出的冗余率。根据式（7-3），我们已得到 SBM-Undesirable 模型测算的 PM$_{2.5}$ 排放效率，当 PM$_{2.5}$ 排放效率值 $\rho^* < 1$ 时，松弛量 S^x, S^b, S^g 的大小可以反映无效率的损失原因。本章将 2010 年我国各省市的各个投入变量的松弛量 S^x 除以相对应的各省市的投入指标值得到投入冗余率，将各省市的非期望产出的松弛量 S^b 除以相应的各省市的 PM$_{2.5}$ 排放量得到 PM$_{2.5}$ 污染排放冗余率，将各省市期望产出 GDP 产值的松弛量 S^g 除以相应的各省市 GDP 产出值得到 GDP 产出不足率（表 7-5）。

表 7-5　2010 年中国部分省份及全国 PM$_{2.5}$ 排放无效率原因及改进潜力（单位：%）

省份	投入冗余率					产出不足率	非期望产出冗余率
	固定资本投资	职工平均工资	天然气	煤类	石油类	GDP	PM$_{2.5}$排放
天津	61.25	80.86	38.71	54.43	46.42	0.00	81.16
河北	0.00	12.60	0.00	39.08	16.98	0.00	0.00
内蒙古	43.00	96.64	70.76	72.61	62.18	0.00	70.76
吉林	45.44	38.71	33.97	50.27	33.77	0.00	70.50
黑龙江	0.00	0.00	24.84	20.55	63.22	0.00	32.72
福建	22.10	48.90	0.00	0.00	0.00	0.00	5.31
四川	26.16	19.89	93.94	0.00	10.39	0.00	47.55
陕西	12.07	99.41	70.73	14.32	79.13	0.00	51.03
甘肃	17.47	85.35	82.56	51.36	81.62	0.00	80.83
青海	30.00	99.90	99.90	99.91	32.00	0.00	100.00
宁夏	50.74	98.13	97.96	93.92	68.00	0.00	91.05
新疆	16.12	83.92	85.50	76.40	63.75	0.00	99.31
全国	27.03	63.69	58.24	47.74	46.45	0.00	60.85
东部	27.78	47.45	12.90	31.17	21.13	0.00	28.82
中部	29.48	45.12	43.19	47.81	53.05	0.00	57.99
西部	25.42	81.10	88.43	55.98	55.81	0.00	78.29

注：（1）北京、上海、江苏、山西、辽宁、浙江、安徽、江西、山东、湖北、湖南、广东、广西、海南、河南、贵州、云南这 17 个省市的考虑非期望产出的生产效率为 1，为效率有效地区；因此，本表不包含这 17 个地区；（2）东部地区包括河北、天津、福建三省市；（3）中部地区包括黑龙江、吉林、内蒙古三省；（4）西部地区包括四川、甘肃、陕西、青海、宁夏、新疆 6 省。

（1）从生产过程看，各省市 GDP 产值的产出不足率都为零，而各投入要素和 $PM_{2.5}$ 排放都存在一定的冗余率，由此可得 GDP 产出不足并不是某些省市考虑非期望产出的生产效率无效的原因，导致某些省市考虑非期望产出的生产效率无效的原因主要集中在各要素投入和 $PM_{2.5}$ 排放造成的非期望产出两方面，说明当前阶段我国环境效率低下的原因主要是由资源消耗过多和环境污染物排放过量造成的。

（2）从全国范围来看，效率损失的主要影响因素依次为"职工平均工资""天然气""煤类""石油类"的投入。由于我国当前存在农村劳动力剩余较多的现象，劳动力投入是造成无效率损失的重要原因，并且"煤类""石油类"和"天然气"的投入过多。我们要实现经济增长方式的进一步转型，从粗放型增长方式转向密集型增长方式，提高能源利用率，大力倡导"资源节约型社会"和"环境友好型社会"的构建。

（3）从不同区域来看，造成不同区域非期望产出无效率损失的原因也各有不同，东部地区无效率损失的主要影响因素依次为"职工平均工资"和"煤类"投入；中部地区无效率损失的主要影响因素依次为"煤类""石油类""职工平均工资""天然气"的投入；西部地区无效率损失的主要影响因素依次为"职工平均工资""天然气""煤类""石油类"。对比可以发现东部地区的投入冗余率和非期望产出的冗余率最低，中部的投入冗余率和非期望产出的冗余率居中，西部地区的投入冗余率和非期望产出的冗余率最高。这可能与东部地区较其他地区经济发展水平较高，生产技术比较先进有关。通过分析考虑非期望产出的效率损失的原因，可以明确地了解造成各省市和各区域无效率损失的主要因素，进一步为改进效率的途径制定相应的有针对性的政策。

7.9.3　基于 ZSG-DEA 模型的 $PM_{2.5}$ 排放权的初始分配

在大气污染物减排责任的分配过程中，总量固定的约束势必使得上述的 DEA 方法对于提高 DMUs 效率和科学调整分配结果无效。为了更好地研究和解决区域大气污染排放权的总量分配问题，本章以固定的 $PM_{2.5}$ 排放总量为约束条件[66~67]，采用 MaxDEA 和 Matlab 软件，分别测算了各个省份 $PM_{2.5}$ 的初始排放效率和经过 ZSG-DEA 模型分配后的排放效率，得到各省份 $PM_{2.5}$ 排放权的分配结果（表 7-6）。表中，x_i 表示各个省份的 $PM_{2.5}$ 未经分配的初始排放量；x_{zi} 表示考虑各省份面积和全国城市 $PM_{2.5}$ 达标约束下各省份一次 $PM_{2.5}$ 大气环境容量两个因素时，经过 ZSG-DEA 模型分配后的各个省份的 $PM_{2.5}$ 的排放量；Δx_i 代表各个省份 $PM_{2.5}$ 的减排潜力；h_i 代表各个省份 $PM_{2.5}$ 的初始排放效率，h_{zi} 代表经过 ZSG-DEA 模型分配后的各个省份 $PM_{2.5}$ 的排放效率；p_i 表示各省份人口加权的初始 $PM_{2.5}$ 浓度，p_{zi} 表示重新分配后的中国各省人口加权的 $PM_{2.5}$ 浓度。

表 7-6　PM$_{2.5}$ 排放效率和分配结果

地区	初始排放量/ x_i	分配后的排放量/ x_{zi}	减排潜力/ Δx_i	初始排放效率/ h_i	分配后的排放效率/ h_{zi}	初始 PM$_{2.5}$ 浓度/ p_i	分配后的 PM$_{2.5}$ 浓度/ p_{zi}
北京	44 553.039 613 2	44 557.634 998 3	0.000 000 0	1.000 000 0	1	33.146	33.149
天津	0.107 702 4	0.000 000 6	0.107 701 5	0.000 007 9	1	32.929	2.572
河北	0.222 577 5	0.079 068 8	0.143 516 9	0.355 204 9	1	43.807	17.220
山西	0.063 073 3	0.063 079 8	0.000 000 0	1.000 000 0	1	26.876	26.879
内蒙古	0.177 480 7	0.052 891 5	0.124 594 7	0.297 981 7	1	13.440	5.811
辽宁	0.049 741 7	0.049 746 9	0.000 000 0	1.000 000 0	1	19.523	19.525
吉林	0.070 758 4	0.003 719 3	0.067 039 4	0.052 558 2	1	15.999	3.278
黑龙江	0.078 327 6	0.033 585 3	0.044 745 8	0.428 735 8	1	9.372	5.488
上海	0.000 000 9	0.000 000 9	0.000 000 0	1.000 000 0	1	26.941	26.944
江苏	0.101 226 1	0.101 236 5	0.000 000 0	1.000 000 0	1	43.937	43.941
浙江	0.095 983 5	0.052 145 2	0.043 848 1	0.543 170 3	1	23.158	13.756
安徽	0.179 822 1	0.016 664 7	0.163 159 2	0.092 663 6	1	36.694	5.734
福建	0.061 244 8	0.000 000 8	0.061 244 0	0.000 013 5	1	17.910	2.572
江西	0.186 771 5	0.000 000 7	0.186 770 8	0.000 003 9	1	30.522	2.572
山东	0.114 522 0	0.114 533 8	0.000 000 0	1.000 000 0	1	46.144	46.148
河南	0.197 657 6	0.097 614 4	0.100 053 3	0.493 804 9	1	45.085	23.567
湖北	0.185 353 0	0.015 478 7	0.169 875 9	0.083 500 8	1	37.777	5.512
湖南	0.227 280 5	0.008 518 8	0.218 762 6	0.037 477 5	1	33.026	3.713
广东	0.069 156 1	0.069 163 2	0.000 000 0	1.000 000 0	1	27.332	27.335
广西	0.116 018 8	0.000 000 7	0.116 018 1	0.000 005 7	1	37.579	2.572
海南	0.000 000 2	0.000 000 0	0.000 000 0	1.000 000 0	1	2.572	2.572
四川	0.381 633 3	0.381 672 7	0.000 000 0	1.000 000 0	1	38.754	38.758
贵州	0.117 256 6	0.008 221 2	0.109 036 2	0.070 105 5	1	22.859	3.994
云南	0.186 797 1	0.004 953 7	0.181 843 8	0.026 516 6	1	28.507	3.260
陕西	0.150 395 5	0.060 052 5	0.090 349 2	0.399 255 8	1	28.082	12.758
甘肃	0.252 283 6	0.000 000 7	0.252 282 9	0.000 002 6	1	18.563	2.572
青海	1.469 596 2	0.000 000 3	1.469 595 3	0.000 000 6	1	14.402	2.572
宁夏	0.108 859 5	0.000 000 5	0.108 859 0	0.000 004 9	1	15.859	2.572
新疆	0.978 772 5	0.142 555 4	0.836 231 8	0.145 632 1	1	18.570	4.902
合计	44 558.989	44 558.989	4.595 528 5				

　　（1）从初始排放效率来看，29 个省、直辖市的 PM$_{2.5}$ 初始排放效率的平均值为 0.414712，表明我国 PM$_{2.5}$ 的排放效率比较低。而且 29 个省份之间的 PM$_{2.5}$ 排放效率也比较悬殊，按照效率的分布本章将各省市大致分了 3 个类别：第一类是

北京、山西、辽宁、上海、江苏、山东、广东、海南、四川，这 9 个省份的 $PM_{2.5}$ 排放效率均为 1，都处于效率前沿面上，说明这些省份在保持经济增长的同时也较好地利用了资源并保护了环境，这 9 个省份运用 ZSG-DEA 模型重新分配后会得到更多的 $PM_{2.5}$ 排放权；第二类为黑龙江、浙江和河南，这 3 个省份的排放效率高于平均效率 0.414712，说明它们与效率前沿面的距离比较小；第三类为天津、河北、内蒙古、吉林、安徽、福建、江西、湖北、湖南、广西、贵州、云南、陕西、甘肃、青海、宁夏、新疆，这 17 个省份的初始排放效率都比平均效率 0.414712 低，说明它们与效率前沿面的距离比较大，其中甘肃和青海的排放效率最低，接近于 0。

这里要说明的是，即使北京、上海的 $PM_{2.5}$ 的初始排放效率为 1，采用 ZSG-DEA 模型进行再分配后 $PM_{2.5}$ 的排放权会增加一点，理论上貌似无须减排，但是北京、上海属于特大直辖市，它们的国土面积相对其他省份来说非常小，$PM_{2.5}$ 的排放量和浓度较高，并且由于毗邻雾霾比较严重的河北省，也会受河北省雾霾扩散的影响，实际上也需要 $PM_{2.5}$ 的减排。从全国范围来看，河南、河北、湖北 3 个省份不仅 $PM_{2.5}$ 浓度高，而且排放效率低，说明这些省份 $PM_{2.5}$ 相对于 5 类投入指标和省域 GDP 来说排放过多，这些省份面临较大的减排压力。

（2）从各省份重新分配后的 $PM_{2.5}$ 排放量来看，与初始值差距比较大。北京、山西、辽宁、江苏、上海、山东、广东、海南、四川这 9 个省、直辖市的 $PM_{2.5}$ 排放量有一定的增幅，总体增加的排放总量为 4.5954654 个单位，其中北京市是排放增加最多的决策单元，增加的排放量高达 4.5953851 个单位；天津、河北、河南、内蒙古、吉林、黑龙江、浙江、安徽、福建、江西、湖北、湖南、广西、贵州、云南、陕西、甘肃、青海、宁夏、新疆这 20 个省份的 $PM_{2.5}$ 排放减少，总体减少的排放量为 4.5954654 个单位，青海省是减少最多的决策单元，减少的排放量接近 1.4695958 个单位。增加总量等于减少总量，总排放量未发生变化。

从还原后的 $PM_{2.5}$ 浓度值来看，山东是排放浓度增幅最多的省份，浓度增加 0.0045 微克/立方米；广西是排放浓度下降幅度最多的省份，浓度减少 35.0068 微克/立方米。

（3）从各个省份 $PM_{2.5}$ 的减排潜力来看，天津、河北、内蒙古、吉林、安徽、福建、江西、湖北、湖南、广西、贵州、云南、陕西、甘肃、青海、宁夏、新疆、黑龙江、浙江、河南这 20 个省份都存在"减霾"潜力，根据式（7-4）计算的全国 $PM_{2.5}$ 的减排潜力占全国总排放量的 0.0103%。从各个省份减排潜力的计算结果来看，与某些省份 $PM_{2.5}$ 排放量分配前后的差距相比，也存在一些差异。以安徽为例，初始排放量为 0.1798221 个单位，存在 0.1631592 个单位的减排潜力，即使与重新分配结果相比，仍需减排 0.1631574 个单位。

（4）利用 ZSG-DEA 模型进行排放量的重新分配时，本章考虑了"各省份面积"和"全国城市 $PM_{2.5}$ 达标约束下的一次 $PM_{2.5}$ 大气环境容量"指标,依照 ZSG-DEA 模型进行排污权的再分配,可以在排污权总量不变的条件下改进各省份的排放效率,通过多次迭代调整使得 29 个省份的最终排放效率都为 1,全部处于共同的效率前沿面上。若存在 $PM_{2.5}$ 排放权的交易市场,则理论上可以增加排放的省份可以将多余的排放权配额出售给需要减少 $PM_{2.5}$ 排放的省份,这样就可以达到经济和环境双赢的目的。

综上所述,运用 ZSG-DEA 模型对 $PM_{2.5}$ 的排放权进行分配,分配后的 $PM_{2.5}$ 排放效率全部改进为 1,明显优于初始排放效率,并且分配后的 $PM_{2.5}$ 浓度相比较初始的 $PM_{2.5}$ 浓度也有所降低,分配结果显示,运用 ZSG-DEA 模型对 $PM_{2.5}$ 排放权进行再分配具有一定的合理性。

7.10　结论与启示

本章在实际分配中考虑了各个省份的面积和全国 $PM_{2.5}$ 达标约束下的各个省份一次 $PM_{2.5}$ 的大气环境容量两个因素,以 29 个省份的投入产出数据为例进行验证,分别基于传统 DEA 模型、非期望产出法、SBM-Undesirable 模型测算并比较了不考虑非期望产出和考虑非期望产出的生产效率,通过 ZSG-DEA 模型测算了 $PM_{2.5}$ 整体排放效率最大化时的要素配置水平,得到了 $PM_{2.5}$ 的排放量分配方案。研究思路可为国家控制 $PM_{2.5}$ 的排放总量、各省份间的 $PM_{2.5}$ 排放权交易提供实证支持,还可以为相邻省份间的大气污染联防联控决策提供依据。

根据本章研究,可得到以下结论和建议:

(1)从国家来看,国家应努力促进区域性 $PM_{2.5}$ 目标总量控制,构建 $PM_{2.5}$ 排放权付费使用机制和交易机制。科学合理的 $PM_{2.5}$ 排放权初始分配和交易机制能够有利于降低减排成本,提升能源利用率。首先,国家相关部门需要基于各省市现有排放量和在全国综合协调的基础上,科学合理编制 $PM_{2.5}$ 排放权分配计划,将其分解到各个省份分别执行。其次,各个省份需要将国家分配指标进一步分解,下达到具体的执行单位,逐级逐步施行目标管理和计划管理,并且认真严格监督和考核。另外,各个地区还应该对本区域大气污染排放权潜在的交易额度进行核算,更科学合理地完成减排目标。

(2)从地方政府来看,各级地方政府需要摒弃 GDP 至上的旧观念,发展新的绿色 GDP 观念,进一步强化各自的减排义务和要求。其中,部分 $PM_{2.5}$ 排放效率较低的省份,例如陕西、甘肃、新疆、内蒙古、黑龙江等省份的政府环保机构应当积极主动制定符合本地区发展实际的产业政策,减少对高污染、高能耗、高排放企业的发展审批量,完成"减霾"工作的底线目标。对于部分排放浓度较高的省份,例如山东、河南、河北等省份,可以尝试指定有偿排污的机制,推动传统重污染企业向低污染和绿色环保型企业转型。从根本而言，需要优化对地方政府的绩效考核机制，转变官员的发展理念，克服来自利益团体的重重阻力；同时需要赋予环保部门和其他非政府组织更多监督权，拓宽监督渠道和途径，协调各种社会力量共同治理雾霾。

（3）从经济发展方式来看，经济发展方式需要进一步转变，推动 $PM_{2.5}$ 排放的大幅度持续削减。区域空气质量的改善是伴随着经济发展方式的转变来实现的。我国目前处于工业化后期，经济发展仍然严重依赖于高能耗和高污染的产业，为了保持经济发展高速平稳增长的同时，并大幅削减雾霾污染，必须积极进行社会经济发展转型。在宏观经济结构层面，我国亟须构建包括可持续发展投资和消费在内的经济结构体系，逐步降低对重污染和高消耗产业的依赖，提高各地 $PM_{2.5}$ 等的排放效率；在污染产业自身发展层面，提高技术水平，在提升行业产值的同时降低总体能耗和 $PM_{2.5}$ 等排放量；而在产业的布局层面，要逐步疏散京津冀、长三角、珠三角等区域型复合雾霾污染严重地区的重化工业产能。

（4）从环境容载力角度来看，环境容载力指标应该纳入排污权初始分配机制的设计。本书采用了一次 $PM_{2.5}$ 环境容量这个指标，从指标来看，不同省份的环境承载力存在着很大的区别。最高的省份为内蒙古（$42.67 \times 10^4 t$），最低的是北京（$2.79 \times 10^4 t$），如果不考虑该指标，最后的分配结果会出现很大的差异。因此，该指标是进行排污权分配时非常重要的参考因素。在 $PM_{2.5}$ 和其他类似污染物排放的交易机制设计中，都应该纳入环境承载力因素。

当然，本章所提出的研究思路还存在不足之处。

（1）非期望产出的指标设立过于单一，需要进一步拓展为多项非期望产出指标的 ZSG-DEA 模型。经济与环境系统存在多种非期望产出，而雾霾也不仅仅包含 $PM_{2.5}$ 成分，每一种大气污染物对大气环境存在不同的副作用。此时需要建立多项非期望产出模型，考虑多项产出指标之间的相关性和重要程度，并对权重进行合理界定，提出衡量雾霾污染程度的综合指标。

（2）本章给出的分配方案侧重体现了效率性，但在分配的公平性方面则略显不足。由于全国各地区在经济发展水平、产业结构、节能潜力、环境容量及国家产业布局等方面存在明显差异，因而全国各地区在减少大气污染物排放目标方面不可能"一视同仁"，而必须承担"共同但有区别的责任"。进行大气污染物排放权的分配要综合考虑各方因素，将全国节能减排的总量目标合理分解到各地区、各行业，以彰显分配的公平性。

（3）如何评价各省份的环境承载力，值得进一步探讨。由于数据限制，结果有所借鉴也存在不足[79]，如气象条件、VOCs 排放及其所影响的大气环境反应以及 $PM_{2.5}$ 化学组分的平衡等限制条件均会对模拟结果造成影响，产生不确定性。

在未来的研究中，可以结合环境科学等多个学科的知识，设计一种能综合评价环境容载力的评估指标体系。这也是未来进一步研究的方向。

参 考 文 献

[1]　Baumol W J，Outes W E. The Theory of Environmental Policy（2nded）[M]. Cambridge：Cambridge University Press，1988.

[2]　Nordhaus W D. Life After Kyoto：Alternative Approaches to Global Warming[R]. National Bureau of Economic Research，2005.

[3]　Ruth M，Amato A. Vintage structure dynamics and climate change policies：the case of US iron and steel[J]. Energy Policy，2002，30（7）：541-552.

[4]　Malcolma，Zhang L. Case study on design of regulatory policies for sustainable emission reduction[J]. Computer Aided Chemical Engineering，2006，21：1119-1124.

[5]　Tietenberg T H. Emission trading：principles and practice[J]. Ecological Economics，2006，61（2-3）：576-577.

[6]　Fischer C，Newell R G. Environmental and technology policies for climate mitigation[J]. Journal of Environmental Economics and Management，2008，55（2）：142-162.

[7]　Rive N. Climate policy in Western Europe and avoided costs of air pollution control[J]. Econ. Model，2010，27（1）：103-115.

[8]　Pelin D，Kesidou E. Stimulating different types of eco-innovation in the UK：Government policies and firm motivations[J]. General Information，2011，70（8）：1546-1557.

[9]　Li X，Liu Z，Xu Q，et al. Optimal policy mechanism design for cross-sector and multi-stage pollution control with a bilevel model：application to SO_2，Emission in China[J]. Environmental Modeling & Assessment，2016：1-13.

[10]　Li W，Jia Z. Carbon tax，emission trading，or the mixed policy：which is the most effective strategy for climate change mitigation in China？[J]. Mitigation & Adaptation Strategies for Global Change，2016：1-20.

[11]　石敏俊，袁永娜，周晟吕，等. 碳减排政策：碳税、碳交易还是两者兼之？[J]. 管理科学学报，2013（9）：9-19.

[12]　Mackenzie I A，Hanley N，Kornienko T. The optimal initial allocation of Pollution Permits：a relative Performance approach[J]. Environmental and Resource Economics，2008，39（3）：265-282.

[13]　Mackenzie I A，Hanley N，Kornienko T. Using contests to allocate pollution rights[J]. Energy Policy，2009，37（7）：2798-2806.

[14]　Chavez C A，Villena M G，Stranlund J K. The choice of policy instruments to control pollution under costly enforcement and incomplete information[J]. Journal of Applied Economics，2009，12（2）：207-227.

[15]　Pickl S，Kropat E，Hahn H. The impact of uncertain emission trading markets on interactive resource planning processes and international emission trading experiments[J]. Climatic Change，2010，103（1-2）：327-338.

[16]　武普照，王倩. 排污权交易的经济学分析[J]. 中国人口资源与环境，2010（5）：55-58.

[17]　张利飞，彭莹莹. 排污权交易机制研究进展[J]. 经济学动态，2011（4）：135-140.

[18]　金帅，盛昭瀚，杜建国. 排污权交易系统中政府监管策略分析[J]. 中国管理科学，2011（4）：174-182.

[19]　魏毅，加旭辉，魏勇. 乌鲁木齐市大气污染总量控制和降低机制研究[J]. 干旱区资源与环境，2011（2）：119-123.

[20]　Jaffe A，Stavins R. Energy-efficiency investments and public policy[J]. The Energy Journal，1994，15（2）：43-65.

[21] Gunasekera D, Cornwell A. Economic issues in emission trading[R]. Working Paper, Melbourne University, 1998.

[22] 马中, Dudek D, 吴健, 等. 论总量控制与排污权交易[J]. 中国环境科学, 2002 (22): 89-92.

[23] Malthus T R. An Essay on the Principle of Population[M]. The Commercial Press, 1798.

[24] Ricard. On the Principles of Political Economy and Taxation[M]. 1817.

[25] Mill J S. Principles of Political Economy, Augustus M. Kelley, 1987.

[26] Samuelson P, Nordhaus W D. Economics[M], McGraw-Hill Corporation, 1948.

[27] Marshall A. Principles of Economics[M]. London: Macmillan. 1890.

[28] Pigou A C. The Economics of Welfare[M]. London: Macmillan, 1920.

[29] Coase R H. The problem of social cost[J]. Journal of Law and Economics. 1960, 3 (1): 1-44.

[30] Stigler G. Essays in history of economics[J]. 1965.

[31] Mcgill B J, Tullock G. The Calculus of Consent: Logical Foundations of Constitutional Democracy[M]. Ann Arbor, University of Michigan Press.1962.

[32] Williamson O E. Markets and Hierarchies[M]. New York Press, 1975.

[33] Ali A I, Seiford L M. Translation invariance in data envelopment analysis[J]. Operations Research Letters, 1990, 9 (6): 403-405.

[34] Banker R D, Charnes A, Cooper W W. Some models for estimating technical and scale inefficiencies in data envelopment analysis[J]. Management Science, 1984, 30 (9): 1078-1092.

[35] Färe R, Grosskopf S, Lovell C, et al. Multilateral productivity comparisons when some outputs are undesirable: A nonparametric approach[J]. Review of Economics and Statistics, 1989, 71 (1): 90-98.

[36] Lewis H F, Sexton T R. Data envelopment analysis with reverse inputs. paper presented at North America Productivity Workshop[J]. Union College, Schenectady, NY, July 1999.

[37] Seiford L M, Zhu J. Modeling undesirable factors in efficiency evaluation[J]. European Journal of Operational Research, 2002, 142 (1): 16-20.

[38] Zheng J, Liu X, Bigsten A. Ownership structure and determinants of technical efficiency: an application of data envelopment analysis to Chinese enterprises (1986-1990) [J]. Journal of Comparative Economics 1998, 26 (3): 465-484.

[39] Hu J L, Wang S C. Total-factor energy efficiency of regions in China, Energy Policy[J]. 2006, 34 (17): 3206-3217.

[40] Chien T, Hu J L. Renewable energy and macroeconomic efficiency of OECD and non-OECD economies, Energy Policy. 2007, 35 (7): 3606-3615.

[41] Honma S. Hu J L. Total-factor energy efficiency of regions in Japan, Energy Policy. 2008: 36 (2): 821-833.

[42] Wang H W, He X L, Ma J H. The analysis of the energy efficiency and its influence factors in TianJin, Energy Procedia. 2011, 5 (5): 1671-1675.

[43] Hailu A, Veeman T S. Non-Parametric productivity analysis with undesirable outputs: An application to the canadian pulp and paper industry[J]. American Journal of Agricultural Economics, 2001, 83 (3): 605-616.

[44] Tone K. Dealing with undesirable outputs in DEA: A slacks-based measure (SBM) approach[R]. Toronto: Presentation at NAPW III, 2004: 44-45.

[45] Pittman R W. Multilateral productivity comparisons with undesirable outputs[J]. The Economic Journal 93 (372) (1983) 883-891.

[46] Taskin F, Zaim O. Searching for a Kuznets curve in environmental efficiency using kernel estimation[J]. Economics Letters, 2000, 68 (2): 217-223.

[47] Zaim O，Taskin F. A Kuznets curve in environmental efficiency: an application on OECD countries[J]. Environmental and Resource Economics.2000，17（1）: 21-36.

[48] Gollop F，Swinand G. From total factor to total resource productivity: an application to agriculture[J]. American Journal of Agricultural Economics 80（3）（1998）577-583.

[49] Seiford L M，Zhu J. Modeling undesirable factors in efficiency evaluation[J]. European Journal of Operational Research，2002，142（1）: 16-20.

[50] Färe R，Grosskopf S. Nonparametric Productivity Analysis with Undesirable Outputs: Comment[J]. American Journal of Agricultural Economics，2003，85（4）: 1070-1074.

[51] Lozano R. Envisioning sustainability three-dimensionally[J]. Journal of Cleaner Production，2008，16（17）: 1838-1846.

[52] Färe R，Grosskopf S. Modeling undesirable factors in efficiency evaluation: Comment[J]. European Journal of Operational Research，2004，157（1）: 242-245.

[53] Lindmark M，Vikström P. Growth and structural change in Sweden and a story of convergence Finland，1870-1990: A story of convergence[J]. Scandinavian Economic History Review，2003，51（1）: 46-74.

[54] 许平，孙玉华. 非期望产出的 DEA 效率评价[J]. 经济数学，2014，31（1）: 90-93.

[55] Tone K. A slacks-based measure of efficiency in data envelopment analysis. Eur. J. Oper. Res. 130，498-509[J]. European Journal of Operational Research，2001，130（3）: 498-509.

[56] 李静，程丹润. 基于 DEA-SBM 模型的中国地区环境效率研究[J]. 合肥工业大学学报：自然科学版，2009，32（8）: 1208-1211.

[57] 杨清可，段学军，叶磊，等. 基于 SBM-Undesirable 模型的城市土地利用效率评价——以长三角地区 16 城市为例[J]. 资源科学，2014，36（4）: 12-721.

[58] 潘丹，应瑞瑶. 中国农业生态效率评价方法与实证——基于非期望产出的 SBM 模型分析[J]. 生态学报，2013，33（12）: 3837-3845.

[59] 范丹，王维国. 中国区域全要素能源效率及节能减排潜力分析——基于非期望产出的 SBM 模型[J]. 数学的实践与认识，2013，43（7）: 12-21.

[60] Li N，Liu C，Zha D. Performance evaluation of Chinese photovoltaic companies with the input-oriented dynamic SBM model[J]. Renewable Energy，2016，89: 489-497.

[61] Chang Y T，Park H S，Jeong J B，et al. Evaluating economic and environmental efficiency of global airlines: A SBM-DEA approach[J]. Transportation Research Part D Transport & Environment，2014，27（1）: 46-50.

[62] Li H，Shi J F. Energy efficiency analysis on Chinese industrial sectors: an improved Super-SBM model with undesirable outputs[J]. Journal of Cleaner Production，2014，65（4）: 97-107.

[63] 陈文颖，方栋，薛大知，等. 城市大气污染物排放量公平分配的方法[J]. 清华大学学报（自然科学版），1998（7）: 50-53.

[64] 马晓明，李诗刚，栾胜基，等. 中国城市大气污染物总量控制方法及案例研究[J]. 北京大学学报（自然科学版），1999（2）: 265-230.

[65] 马晓明，王东海，易志斌，等. 城市大气污染物允许排放总量计算与分配方法研究[J]. 北京大学学报（自然科学版），2006（2）: 271-275.

[66] Lins M P E，Gomes E G，et al. Olympic ranking based on a zero-sum gains DEA model[J]. European Journal of Operational Research，2003，148（2）: 312-322.

[67] Gomes E G，Lins M P E. Modeling undesirable outputs with zero-sum gains data envelopment analysis models[J].

Journal of the Operational Research Society，2008，59（5）：616-623.

[68] 林坦，宁俊飞. 基于零和 DEA 模型的欧盟国家碳排放权分配效率研究[J]. 数量经济技术经济研究，2011（3）：36-50.

[69] 苗壮，周鹏，王宇，等. 节能、"减霾"与大气污染物排放权分配[J]. 中国工业经济，2013（6）：31-43.

[70] 郑立群. 中国各省区碳减排责任分摊——基于零和收益 DEA 模型的研究[J]. 资源科学，2012（11）：2087-2096.

[71] Wang K，Zhang X，Wei Y M，et al. Regional allocation of CO$_2$ emissions allowance over provinces in China by 2020[J]. Energy Policy，2013，54（3）：214-229.

[72] Hu J L，Fang C Y. Do market share and efficiency matter for each other? An application of the zero-sum gains data envelopment analysis[J]. Journal of the Operational Research Society，2010，61（4）：647-657.

[73] 孙作人，周德群，周鹏，等. 基于环境 ZSG-DEA 模型的我国省区节能指标分配研究[J]. 系统工程，2012（1）：84-90.

[74] Chen Y Q. Analysis of Spatial Perspective of Provincial Efficiency of Environmental Technology[J]. Journal of Applied Physics，2013，91（5）：3213-3218.

[75] Tao X，Wang P，Zhu B Z. Provincial green economic efficiency of China：A non-separable input-output SBM approach[J]. Applied Energy，2016，171：58-66.

[76] Abas M R B，Rahman N A，Omar N Y，et al. Organic composition of aerosol particulate matter during a haze episode in Kuala Lumpur，Malaysia[J]. Atmospheric Environment，2004，38（25）：4223-4241.

[77] Hossein H M，Kaneko S. Can environmental quality spread through institutions[J]. Energy Policy，2013，56（2）：312-321.

[78] Van Donkelaar，Martin A R V，Brauer M，et al. Global estimates of ambient fine particulate matter concentrations from satellite-based aerosol optical depth：Development and application[J]. Environment HealthProspect，2010，118（6）：847-855.

[79] 薛文博，付飞，王金南，等. 基于全国城市 PM$_{2.5}$ 达标约束的大气环境容量模拟[J]. 中国环境科学，2014，34（10）：2490-2496.

[80] 王金南，曹国志，曹东，等. 国家环境风险防控与管理体系框架构建[J]. 中国环境科学，2013，33（1）：186-191.

[81] 任阵海，俞学曾，杨新兴，等. 我国大气污染物总量控制方法研究[C]//全国大气环境学术会议. 2000.

[82] 柴发合，陈义珍，文毅，等. 区域大气污染物总量控制技术与示范研究[J]. 环境科学研究，2006，4：163-171.

[83] 李云生，冯银厂，谷清，等. 城市区域大气环境容量总量控制技术指南[M]. 北京：中国环境科学出版社，2005.

[84] 段雷，郝吉明，谢绍东，等. 用稳态法确定中国土壤的硫沉降和氮沉降临界负荷[J]. 环境科学，2002，23（2）：7-12.

本 章 附 录

附表 7-1　2001 年不同模型的效率测算结果

地区	传统 DEA 模型	非期望产出做投入法	SBM-Undesirable 模型
北京	0.8845	1	0.3923
天津	0.7676	0.4888	0.2621
河北	1	1	0.8518

续表

地区	传统 DEA 模型	非期望产出做投入法	SBM-Undesirable 模型
山西	1	1	1
内蒙古	1	0.8239	0.4440
辽宁	0.9876	1	1
吉林	0.8873	0.5922	0.3395
黑龙江	0.9772	1	1
上海	0.7431	1	0.3664
江苏	1	0.7365	1
浙江	1	0.9232	0.7610
安徽	1	0.3108	1
福建	1	0.6683	1
江西	1	0.2183	0.5143
山东	1	1	1
河南	1	0.3915	1
湖北	1	0.3428	0.4337
湖南	1	0.3134	1
广东	1	1	1
广西	1	0.1753	1
海南	1	1	1
四川	1	1	1
贵州	1	0.3510	0.4264
云南	1	0.2938	1
陕西	0.9128	0.2273	0.3037
甘肃	0.8967	0.3561	0.1997
青海	0.9616	0.5534	0.1708
宁夏	1	0.2998	1
新疆	0.8131	1	0.2121
平均值	0.9597	0.6575	0.7130

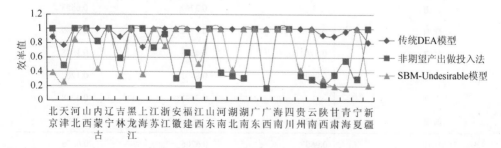

附图 7-1 2001 年不同模型的效率测算结果

附表 7-2　2002 年不同模型的效率测算结果

地区	传统 DEA 模型	非期望产出做投入法	SBM-Undesirable 模型
北京	1	1	0.4165
天津	0.7573	0.5049	0.2660
河北	1	0.7004	0.8343
山西	1	1	1
内蒙古	1	0.8320	0.4060
辽宁	0.9797	0.5358	0.4335
吉林	0.9025	0.5358	0.3299
黑龙江	0.9987	1	1
上海	0.7428	0.6651	0.3626
江苏	1	0.6651	1
浙江	1	0.9005	0.7763
安徽	1	0.3208	1
福建	1	0.6820	1
江西	1	0.2425	0.4856
山东	1	1	1
河南	1	0.4747	1
湖北	0.9636	0.3883	0.4362
湖南	1	0.3269	1
广东	1	1	1
广西	1	0.1706	1
海南	1	1	1
四川	1	1	1
贵州	1	0.4061	0.3802
云南	1	0.3767	0.6583
陕西	0.9168	0.2792	0.2889
甘肃	0.8762	0.4528	0.1998
青海	0.9893	0.8401	0.1262
宁夏	1	0.3491	0.4028
新疆	0.7325	1	0.2081
平均值	0.9607	0.6706	0.6556

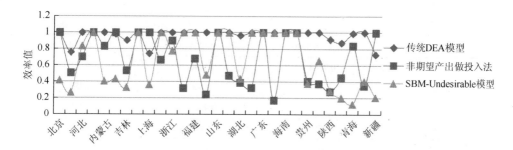

附图 7-2　2002 年不同模型的效率测算结果

附表 7-3　2003 年不同模型的效率测算结果

地区	传统 DEA 模型	非期望产出做投入法	SBM-Undesirable 模型
北京	1	1	0.4734
天津	0.8524	0.3902	0.2756
河北	1	0.6839	0.7022
山西	1	1	1
内蒙古	1	0.8311	0.3569
辽宁	0.9063	1	0.3580
吉林	0.9440	0.4860	0.3411
黑龙江	1	1	1
上海	0.8278	1	0.4162
江苏	1	0.9356	1
浙江	1	1	1
安徽	1	0.4045	1
福建	1	0.7268	1
江西	1	0.2658	0.4933
山东	1	1	1
河南	1	0.5427	1
湖北	1	0.4114	0.4931
湖南	1	0.3765	1
广东	1	1	1
广西	1	0.2161	1
海南	1	1	0.4833
四川	0.9470	1	0.6480
贵州	1	0.5466	0.3720
云南	0.9599	0.4637	0.5530
陕西	0.9235	0.3293	0.2870

续表

地区	传统 DEA 模型	非期望产出做投入法	SBM-Undesirable 模型
甘肃	0.9388	0.4346	0.2104
青海	1	0.5606	0.2055
宁夏	1	0.4324	0.1238
新疆	0.7704	1	0.2275
平均值	0.9679	0.6910	0.6214

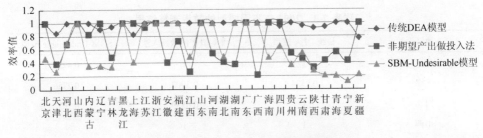

附图 7-3　2003 年不同模型的效率测算结果

附表 7-4　2004 年不同模型的效率测算结果

地区	传统 DEA 模型	非期望产出做投入法	SBM-Undesirable 模型
北京	1	1	1
天津	0.7968	0.4829	0.2898
河北	1	0.7933	1
山西	1	1	1
内蒙古	1	1	0.3659
辽宁	0.8251	1	0.3442
吉林	0.9577	0.4851	0.3792
黑龙江	1	1	1
上海	0.8732	1	0.4355
江苏	1	0.7843	1
浙江	1	1	1
安徽	1	0.2958	1
福建	1	0.6698	1
江西	1	0.2755	1
山东	1	1	1
河南	1	0.7084	1
湖北	0.9915	0.3369	0.5805

续表

地区	传统 DEA 模型	非期望产出做投入法	SBM-Undesirable 模型
湖南	1	0.3307	1
广东	1	1	1
广西	1	0.1648	1
海南	1	1	1
四川	1	1	1
贵州	1	0.3822	0.6155
云南	1	0.3087	1
陕西	0.9146	0.5293	0.2897
甘肃	0.9395	0.4259	0.2273
青海	1	0.6448	0.2286
宁夏	1	0.4428	0.1493
新疆	0.7879	1	0.2350
平均值	0.9685	0.6918	0.7290

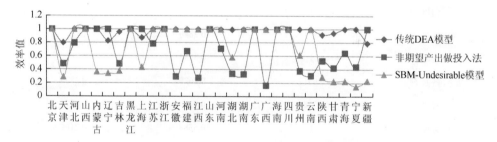

附图 7-4　2004 年不同模型的效率测算结果

附表 7-5　2005 年不同模型的效率测算结果

地区	传统 DEA 模型	非期望产出做投入法	SBM-Undesirable 模型
北京	1	0.7939	1
天津	0.8672	0.4147	0.2969
河北	1	0.7620	1
山西	1	1	1
内蒙古	0.9997	1	0.3333
辽宁	0.8293	1	0.3401
吉林	0.9190	0.5819	0.3454
黑龙江	1	1	1
上海	0.8906	1	0.4651

续表

地区	传统 DEA 模型	非期望产出做投入法	SBM-Undesirable 模型
江苏	1	0.9106	1
浙江	0.8651	1	0.7155
安徽	1	0.2692	1
福建	1	0.6032	1
江西	1	0.2647	1
山东	1	1	1
河南	1	0.6069	1
湖北	1	0.2714	0.5044
湖南	1	0.2976	0.7127
广东	1	1	1
广西	1	0.1716	1
海南	1	1	1
四川	1	1	1
贵州	1	0.2840	1
云南	1	0.3285	1
陕西	0.9317	0.2629	0.2834
甘肃	0.9724	0.3387	0.2276
青海	1	0.5588	0.2169
宁夏	1	0.3751	0.1589
新疆	0.7841	1	0.2414
平均值	0.9676	0.6585	0.7187

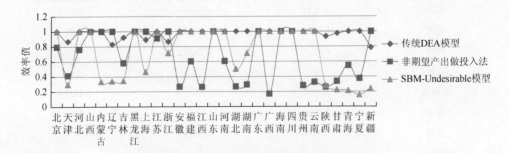

附图 7-5　2005 年不同模型的效率测算结果

附表 7-6　2006 年不同模型的效率测算结果

地区	传统 DEA 模型	非期望产出做投入法	SBM-Undesirable 模型
北京	1	1	1
天津	1	0.3849	0.3186
河北	1	0.6200	1
山西	1	1	0.7660
内蒙古	0.9956	1	0.2542
辽宁	0.8417	1	0.3749
吉林	0.8942	0.5830	0.3693
黑龙江	1	1	0.5138
上海	0.9489	1	0.5006
江苏	1	1	1
浙江	0.8708	1	1
安徽	1	0.3198	1
福建	1	0.6706	1
江西	1	0.2654	0.5545
山东	1	1	1
河南	1	0.5852	1
湖北	1	0.2995	0.5271
湖南	1	0.3063	1
广东	1	1	1
广西	1	0.1931	1
海南	1	1	1
四川	1	1	1
贵州	1	0.2853	0.5911
云南	1	0.3631	1
陕西	0.9377	0.3165	0.2805
甘肃	1	0.3725	0.2522
青海	1	0.5641	0.2271
宁夏	1	0.3800	0.1753
新疆	0.8633	1	0.2434
平均值	0.9777	0.6727	0.6879

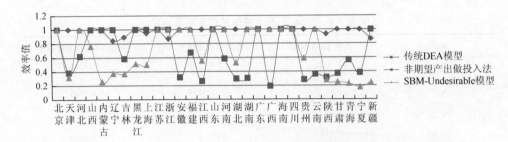

附图 7-6 2006 年不同模型的效率测算结果

附表 7-7 2007 年不同模型的效率测算结果

地区	传统 DEA 模型	非期望产出做投入法	SBM-Undesirable 模型
北京	1	1	1
天津	1	0.4546	0.3415
河北	1	0.7278	1
山西	1	1	0.6571
内蒙古	0.9986	1	0.3121
辽宁	0.8497	1	0.5300
吉林	0.8852	0.6965	0.4444
黑龙江	1	1	0.5149
上海	1	1	0.5611
江苏	1	1	1
浙江	0.9714	1	1
安徽	1	0.3382	1
福建	1	0.6828	1
江西	1	0.2688	0.5487
山东	1	1	1
河南	1	0.6378	1
湖北	1	0.3135	0.6279
湖南	1	0.3412	1
广东	1	1	1
广西	1	0.2318	1
海南	1	1	1
四川	1	1	1
贵州	1	0.3466	0.5623
云南	1	0.3815	1
陕西	0.9104	0.4345	0.2848

续表

地区	传统 DEA 模型	非期望产出做投入法	SBM-Undesirable 模型
甘肃	1	0.4221	0.2766
青海	1	0.6443	0.2460
宁夏	1	0.4711	0.2062
新疆	0.8987	1	0.2501
平均值	0.9832	0.7032	0.7022

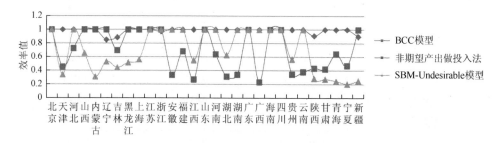

附图 7-7　2007 年不同模型的效率测算结果

附表 7-8　2008 年不同模型的效率测算结果

地区	传统 DEA 模型	非期望产出做投入法	SBM-Undesirable 模型
北京	1	1	1
天津	1	0.4039	0.3576
河北	1	0.6498	1
山西	1	1	0.6577
内蒙古	0.9961	1	0.3071
辽宁	0.8580	1	0.5101
吉林	0.8850	0.6523	0.3784
黑龙江	1	1	0.4557
上海	1	1	0.5640
江苏	1	1	1
浙江	1	0.8977	0.9440
安徽	1	0.3975	1
福建	1	0.7908	1
江西	1	0.3260	0.5816
山东	1	1	1
河南	1	0.5938	1
湖北	1	0.3367	0.5831

续表

地区	传统 DEA 模型	非期望产出做投入法	SBM-Undesirable 模型
湖南	1	0.3660	1
广东	1	1	1
广西	1	0.2500	1
海南	1	1	1
四川	1	1	1
贵州	1	0.3408	0.5947
云南	1	0.3823	1
陕西	0.9175	0.6278	0.2820
甘肃	0.9932	0.3888	0.2740
青海	1	0.5373	0.2598
宁夏	1	0.4356	0.2149
新疆	0.9323	1	0.2429
平均值	0.9856	0.7027	0.6968

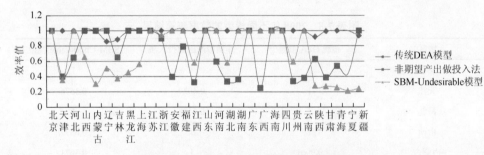

附图 7-8　2008 年不同模型的效率测算结果

附表 7-9　2009 年不同模型的效率测算结果

地区	传统 DEA 模型	非期望产出做投入法	SBM-Undesirable 模型
北京	1	1	1
天津	0.9801	0.5067	0.3911
河北	1	0.7558	1
山西	1	1	0.5607
内蒙古	0.9845	1	0.3293
辽宁	0.8698	1	0.5894
吉林	0.8819	0.6337	0.4430
黑龙江	1	1	0.5222

续表

地区	传统 DEA 模型	非期望产出做投入法	SBM-Undesirable 模型
上海	1	1	1
江苏	1	1	1
浙江	1	0.9855	1
安徽	1	0.4275	1
福建	1	0.8475	1
江西	1	0.4037	0.9219
山东	1	1	1
河南	1	0.6569	1
湖北	1	0.3862	0.6770
湖南	1	0.3973	1
广东	1	1	1
广西	1	0.2728	1
海南	1	1	1
四川	0.9764	1	0.6893
贵州	1	0.3439	1
云南	1	0.4101	1
陕西	0.9304	0.4043	0.3128
甘肃	0.9950	0.3841	0.3164
青海	1	0.6130	0.2837
宁夏	1	0.4479	0.2272
新疆	0.9131	0.7102	0.2453
平均值	0.9838	0.7099	0.7417

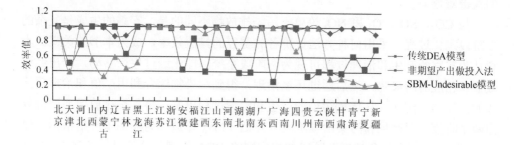

附图 7-9　2009 年不同模型的效率测算结果

第 8 章　基于网络 DEA 的雾霾污染排放优化

中国雾霾天气日益严重，如何减少雾霾排放是中国环境治理急需解决的问题。根据雾霾是二次污染物的特点，将雾霾产生阶段作为第一阶段，雾霾治理阶段作为第二阶段，构建了一种带有中间投入和中间产出的二阶段 DEA 模型，分阶段测算我国 31 个省份投入指标的产出效率，在此基础上评估各省份的排放效率。结果发现：①除了西藏雾霾排放效率和治理效率两个阶段都为 1，即为 DEA 有效外，其他省份两阶段的效率值均有差异；②第一阶段东部地区整体上效率值最高，其次是西部地区，中部地区最低；③第二阶段西部地区整体上雾霾排放效率最高，其次是中部地区，东部地区最低。本章首次构建了针对雾霾排放效率评估的网络 DEA 模型；扩充了 DEA 的应用范围，所得到的结论可以为雾霾等类似复合污染物的治理提供借鉴。

中国的雾霾污染肆意频发，引起了国内外的广泛关注。2011 年，雾霾天气第一次入选中国十大天气气候事件。行业调查数据显示，2013 年中国大气污染的现象表现为遭遇史上最严重的雾霾天气，全国平均雾霾天数到 29.9 天，波及 25 个省份中的 100 多个大中型城市，是 1961 年以来大气污染最严重的一年[1]。雾霾天气一旦形成很难消散，对城市环境的危害尤其严重，并容易带来强烈的社会负面影响。其中，$PM_{2.5}$ 浓度是雾霾天气的重要表征性指标。世界卫生组织（WHO）将 $PM_{2.5}$ 定义为可进入肺部的细颗粒物，流行病学上的研究已证明其对人体健康危害较大[2]。可见，如何有效控制及治理雾霾是中国环境治理亟待解决的关键难题。

与 CO_2、SO_2、O_3 和 NO_x 等单一污染排放物不同的是，雾霾的生成是复杂的多阶段理化过程。采用何种方法评价各省雾霾的排放效率，成为本书的关键。本章认为雾霾的产生和治理过程可视为两阶段系统。即先经过生产活动，产出经济效益和相应的污染物；然后通过环境治理，得到污染物综合利用产值和治理后排放的污染物。因此，从环境污染的产生和治理过程出发，将雾霾排放效率评价分为两个阶段，即产生和污染治理阶段，并把 $PM_{2.5}$ 排放作为非期望产出指标，建立针对 $PM_{2.5}$ 的产生和治理两阶段的特定网络 DEA 模型，分阶段评估我国 31 个省份 $PM_{2.5}$ 的排放效率。

本章还包括相关文献综述，指标、模型和数据说明，实证分析及其相关讨论。

8.1　国内外研究进展

数据包络分析（data envelopment analysis，DEA）于 1978 年创建[3]，属于数学、运筹学、数理经济学和管理科学交叉领域，是一种处理具有多个输入（输入越小越好）和多个输出（输出越大越好）的多目标决策问题的方法[4-5]。该方法在能源和环境效率的评价方面，得到了广泛应用[6~15]。关于这方面的高质量文献非常多，多发表在著名的期刊上，许多学者已经做了详尽的综述[16~18]。值得一提的是，孟庆春等注意到现有能源效率评价未把雾霾作为环境约束这一问题，构建了不可分的混合测度 DEA 模型，将致霾污染物 SO_2、NO_x、CO_2 和烟（粉）尘作为非期望产出，测算了各省份在雾霾环境约束下的能源效率，是纳入大气污染约束的初步尝试[19]。但雾霾的生成包含复杂的理化过程，也受到气象和环境因素的影响[20-21]。因此，O_3、SO_2、NO_x、CO_2 和烟（粉）尘等仍然仅仅是雾霾生成过程中的中间投入。如何纳入气象和环境因素的指标，分阶段评估雾霾的排放效率，值得进一步研究。

通过削减投入来控制大气污染物排放是进行环境治理的可行途径。目前学者们多通过解析雾霾的组分和输送源，试图从源头削减投入以控制大气污染物的排放[22~24]。但雾霾经过多次的理化反应生成，来源体系和形成过程异常复杂，各地差异也很大，难以有效找到污染源[25~27]。一些学者已采用网络 DEA 方法评估环境绩效[28-29]。有学者提出了基于两阶段非合作博弈的环境效率评价的 DEA 方法[30]，或将环境效率评价过程分为两个子阶段——生产阶段（生产子系统）和污染治理阶段（污染治理子系统）[31]，这些都提供了很好的借鉴。本书将 $PM_{2.5}$ 的产生系统和治理系统分别作为第一和第二阶段，构建带有中间投入和产出的二阶段 DEA 模型，分阶段评估 $PM_{2.5}$ 的排放效率。这为 $PM_{2.5}$ 的排放控制提出了一种新的治理途径。无论在模型构建，还是在实践应用方面，均具有较好的借鉴价值。

8.2　指标选取、数据获取

利用 DEA 模型研究大气污染物的排放效率的一个重要问题是投入和产出指标的确定。由于大气污染物（本章指雾霾）的成因和来源体系非常复杂，各地区治理标准不统一，导致学者们对雾霾投入产出系统的指标选取口径不一致。本章借鉴相关研究[32]，根据 $PM_{2.5}$ 的组分及来源，结合数据的可得性，选取资本、劳动力、汽车保有量、燃煤消费量、GDP、二氧化硫排放量（SO_2）、氮氧化物排放量（NO_x）、烟尘排放量、碳排放、降水量、治理废气投资、绿化比率、$PM_{2.5}$ 排放空气质量达到及好于二级天数作为研究指标。

8.2.1　第一阶段的投入和产出指标

1. 第一阶段的投入指标

投入指标的选取应具有明确的理论基础和经济学含义。在雾霾产生及治理效率评价研究中，资本和劳动力的投入必不可少。传统的生产函数的投入侧指标包括资本、劳动力等，产出侧为 GDP 等指标。后来，学者分别在投入侧加入能源、环境、气候等影响 GDP 产出的因素[33]。本章也借鉴这一思路，在生产函数的投入侧加入与 $PM_{2.5}$ 产出相关的环境和能源类指标，产出侧加入 $PM_{2.5}$ 指标，将生产函数表达式拓展如下：

$$Y_i = A_i K_i^{\alpha} L_i^{\beta} C_i^{\gamma} \tag{8-1}$$

其中，Y_i 表示 i 地区的产出；A_i 表示 i 地区的广义技术（technology），K_i 表示 i 地区的资本投入；L_i 表示 i 地区的劳动投入；C_i 表示 i 地区与 $PM_{2.5}$ 产出相关的环境和能源投入；α、β 和 γ 分别为资本、劳动和 $PM_{2.5}$ 产出相关的环境和能源投入指标的产出弹性。

如何选取合适的环境和能源类指标是本书的关键问题之一。本章根据 $PM_{2.5}$ 的组分及来源，结合数据的可得性，选取煤炭消费量和汽车保有量 2 个指标作为环境和能源类投入指标。

煤炭消费量。学者们通过对 2009～2010 年北京不同季节的 $PM_{2.5}$ 样品进行采集和分析，研究发现在不同季节影响北京 $PM_{2.5}$ 的来源因素中，燃煤占 18%[34]。根据排放形态，燃煤对大气环境 $PM_{2.5}$ 的贡献可分为两种：直接排出的一次颗粒物、以气态形式如 SO_2、NO_x、和 VOC 等排放至大气，通过复杂的大气物理化学过程形成的二次颗粒物[35]。因此本章在第一阶段的投入指标中加入燃煤消费量指标。

汽车保有量。从城市 $PM_{2.5}$ 的来源看，机动车污染已成为我国空气污染的重要来源，是造成雾霾、光化学烟雾污染的重要原因[36]；大部分研究结果显示，机动车尾气排放是城市区域 $PM_{2.5}$ 的主要贡献者[37]；有学者对南京市 $PM_{2.5}$ 的来源进行分析，发现汽车尾气排放占 30%以上[38]。因此本章将汽车保有量作为投入指标。

2. 第一阶段的产出指标

碳排放。前述投入指标中，煤炭消费量和汽车保有量均会产生大量的碳。有研究表明煤炭消费的巨大体量和煤的高碳性，使得煤炭相关 CO_2 排放成为我国 CO_2 排放的最主要来源[39]；再根据国际能源署（International Energy Agency,

IEA）的研究，2006 年全世界 CO_2 排放中，交通部门的贡献为 23%。碳排放的数据是根据 IPCC 第三次评估报告中的衡算法估算得到的化石能源的碳排放数据（附表 8-1）。

烟尘。$PM_{2.5}$ 的来源主要有扬尘、建筑尘、煤烟尘、冶炼尘、硫酸盐和汽车尘，煤烟尘对 $PM_{2.5}$ 的贡献率为 30.34%。煤炭燃烧的烟尘包含了大量的 $PM_{2.5}$ 细小颗粒物，对环境和健康具有重要影响[40]，因此选用烟尘作为第一阶段的产出指标。

硫化物及 NO_x。研究表明颗粒物中二次硫酸盐对雾霾的形成有重要影响[41]，减少 SO_2 和 NO_x 的排放量可以减少可入肺颗粒物污染；硫排放减少与雾霾次数减少和 $PM_{2.5}$ 的浓度减低有较好的相关关系。燃煤排放的 SO_2 和 NO_x 与空气中其他污染物进行复杂的化学反应，由气体污染物转化成固体污染物，成为 $PM_{2.5}$ 升高的最主要原因[40]。因此将 SO_2 和 NO_x 排放量作为第一阶段的产出指标，同时作为第二阶段的投入指标。

8.2.2　第二阶段的投入和产出指标

1. 第二阶段的投入指标

废气治理投资。采用非径向 DEA 模型评估了各省份的废气排放效率，结果表明，许多省的工业部门应努力通过技术投资减少污染[42]。对环保投资废气治理效率进行了研究，探讨了环保投资废气治理效率与经济发展水平[43]。有学者重点研究了环保投资与工业废气污染物排放之间的关系[44]。本章将废气治理投资作为第二阶段投入指标。

气象因子。大量研究已发现气象因子对大气颗粒物有显著影响[45]。相对湿度、降雨和温度是影响 $PM_{2.5}$ 浓度的关键因素[46]。有研究发现，在不同季节，气象因素对颗粒物浓度都具有较大的影响。本章选取降水量作为第二阶段影响 $PM_{2.5}$ 排放量的投入指标[47]。

绿化比率。许多学者研究植被对颗粒物调控与削减作用。植被对减少空气中颗粒物质如 $PM_{2.5}$ 至关重要[48]。植物叶表面具有一定湿润性和粗糙度，非常有利于 $PM_{2.5}$ 等颗粒物的沉积[49]。有研究估算了 2007 年芝加哥屋顶绿化对空气污染物的削减作用等。出于数据可得性的考虑[50]，本章用建成区绿化比率代替植被覆盖度。

2. 第二阶段的产出指标

雾霾的评价指标。雾霾的主要成分有 PM_{10} 和 $PM_{2.5}$，国内自 2012 年才开始正式统计 $PM_{2.5}$ 的相关数据，数据的获取非常困难。这里采用了巴特尔研究所和哥伦比亚大学国际地球科学信息网研发的全球 2001~2010 年基于人口加权的 $PM_{2.5}$ 年均值，然后考虑以下两个因素进行加权处理：一是各省份的国土面积，二是 $PM_{2.5}$ 达标约束下各省份的一次 $PM_{2.5}$ 大气环境容量。

大气环境容量。参考前人思路[51]，以模拟计算得到的中国 31 个省（直辖市、自治区）一次 $PM_{2.5}$ 的最大允许排放量作为本书的数据来源，然后考虑各省份的面积和大气环境容量因素，对 $PM_{2.5}$ 浓度进行处理，得到新的 $PM_{2.5}$ 指标作为本书的产出指标[52]。

环境的评价指标。考虑到指标数目的限制和数据收集的情况，本章选取了空气质量达到且好于二级天数这一指标。

综上，本章选取资本、劳动力、汽车保有量、燃煤消费量、GDP、二氧化硫排放量（SO_2）、氮氧化物排放量（NO_x）、烟尘排放量、碳排放、降水量、治理废气投资、绿化比率、$PM_{2.5}$ 排放和空气质量达到及好于二级天数投入指标（表 8-1）。

表 8-1　投入产出指标描述

阶段	指标类别	指标名称	核算内容	数据来源	单位	指标类别	阶段
第一阶段	投入指标	资本	全社会固定资产投资	《中国统计年鉴2015》	亿元		
		劳动力	就业人口	《中国统计年鉴2015》	万人		
		汽车保有量	民用和私人汽车保有量	《中国汽车市场年鉴2015》	万辆		
		燃煤消费量	燃煤消费量	《中国能源统计年鉴2015》	万吨		
	产出指标	GDP	国民生产总值	国家统计局2015	亿元		
		碳排放	碳排放总量	附录1中的方法进行核算			
		二氧化硫排放量（SO_2）	二氧化硫排放量	《中国环境统计年鉴2015》	吨		
		氮氧化物排放量（NO_x）	氮氧化物排放总量	《中国环境统计年鉴2015》	吨		
		烟尘排放量	烟尘排放总量	《中国环境统计年鉴2015》	吨	投入指标	第二阶段
		降水量	降水总量	国家统计局2015	毫米		
		治理废气投资	治理废气项目完成投资	《中国能源统计年鉴2015》	万元		
		绿化比率	建成区绿化覆盖率	《中国环境统计年鉴2015》	%		

续表

阶段	指标类别	指标名称	核算内容	数据来源	单位	指标类别	阶段
		$PM_{2.5}$ 排放	各省人口加权 $PM_{2.5}$ 浓度*各省国土面积/全国 $PM_{2.5}$ 达标约束下的一次 $PM_{2.5}$ 的大气环境容量	《中国环境统计年鉴 2015》；王金南（2014）		产出指标	
		空气质量达到及好于二级天数	空气质量达到及好于二级天数	《中国统计年鉴 2015》	天		

由于目前仅有 2010 年的各省环境容量数据，为保证数据的可行性和完整性，除大气环境容量选用 2010 年的数据外，其他数据均选用 2014 年的数据。

8.3 二阶段模型建立

本章从环境污染的产生和治理过程出发，将环境效率评价分为两个阶段，即污染产生阶段和污染治理阶段（图 8-1）。

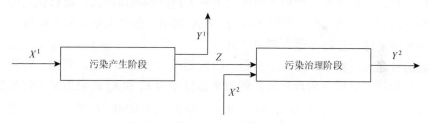

图 8-1 两阶段环境效率评估模型

根据以上污染产生-治理结构分析图，应用式（8-3）、式（8-4）建立雾霾产生和治理的特定二阶段 DEA 结构图（图 8-2）。

本章的研究单元为中国除港澳台之外的 31 个省份。设定决策单元（decision making unit，DMU）个数为 31，记为 DMU_j $(j=1,2,\cdots,31)$。雾霾产生阶段的投入为 $X^1(x_1^1,\cdots,x_4^1)$，期望产出为 $Y^1(y^1)$，非期望产出为 $Z(z_1,\cdots,z_4)$。在雾霾的治理阶段，投入为 $Z(z_1,\cdots,z_4)$ 与 $X^2(x_1^2,\cdots,x_3^2)$，产出为 $Y^2(y_1^2,y_2^2)$。$Z(z_1,\cdots,z_4)$ 既是产生阶段的非期望产出，又是治理阶段的投入。这里的 X^1、Y^1、Z、X^2、Y^2 均为向量。对于某特定省份 k，雾霾产生阶段的投入为 X_k^1，产出为 Y_k^1 和 Z_k；治理阶段的投入为 Z_k 和 X_k^2，产出为 Y_k^2。

应用 DEA 对环境效率进行评价时面临一个问题，产出中既有期望产出（如 GDP 等），也存在非期望产出（如 $PM_{2.5}$ 等），而两者期望的方向并不一致，期望

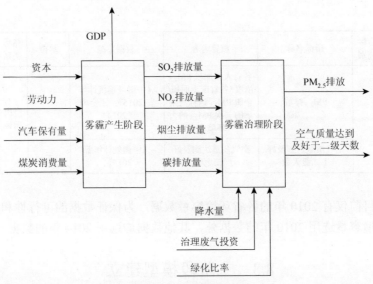

图 8-2　雾霾二阶段投入产出描述

产出越大越好，非期望产出则正好相反，这意味着期望产出与非期望产出必须分别处理。将越小越好的非期望产出转化为越大越好的期望产出，将转化后的产出作为普通的期望产出，然后采用传统的 DEA 模型评价决策单元的环境效率[53]。这里也采用了这一思路处理非期望产出。

　　我们将当前要测量的第 k 个省份二阶段的效率记为 DMU_k，其第一阶段（产生阶段）和第二阶段（治理阶段）的效率值分别为 E_k^1 和 E_k^2，根据基于规模报酬不变模型（constant return to scale，CRS），决策单元 DMU_k 在第一阶段和第二阶段的效率值可以通过下面两个模型分别进行计算。

$$E_k = \frac{\sum_{r=1}^{s} \mu_r Y_{rk}^1 + \sum_{g=1}^{G} \omega Y_{gk}^2 + \sum_{d=1}^{D} \varphi Z_{dk}}{\sum_{i=1}^{m} v_i X_{ik}^1 + \sum_{d=1}^{D} \varphi Z_{dk} + \sum_{p=1}^{P} \eta X_{pk}^2 + X_{\text{降水量}}} \tag{8-2}$$

$$\begin{cases} E_k^1 = \max \dfrac{\sum_{r=1}^{s} \mu_r Y_{rk}^1 + \sum_{d=1}^{D} \varphi_d^1 Z_{dk}}{\sum_{i=1}^{m} v_i X_{ik}^1} \\[4mm] 其中, \dfrac{\sum_{r=1}^{s} \mu_r Y_{rk}^1 + \sum_{d=1}^{D} \varphi_d^1 Z_{dk}}{\sum_{i=1}^{m} v_i X_{ij}} \leqslant 1, j = 1, \cdots, n \\[4mm] \mu_r, \varphi_d^1, v_i \geqslant 0 \end{cases} \tag{8-3}$$

$$\begin{cases} E_k^2 = \max \dfrac{\displaystyle\sum_{g=1}^{G} \omega_g Y_{gk}^2}{\displaystyle\sum_{d=1}^{D} \varphi_d^2 Z_{dk} + \sum_{p=1}^{P} \eta_p X_{pk}^2 + X_{降水量}} \\[4mm] 其中, \dfrac{\displaystyle\sum_{g=1}^{G} \omega_g Y_{gk}^2}{\displaystyle\sum_{d=1}^{D} \varphi_d^2 Z_{dj} + \sum_{p=1}^{P} \eta_p X_{pj}^2 + X_{降水量}} \leqslant 1, j = 1, \cdots, n \\[4mm] \omega_g, \varphi_d^2, \eta_p \geqslant 0 \end{cases} \tag{8-4}$$

（1）式（8-3）第一个等式（E_k^1）中，分子第二项是非期望产出，应该在生产过程中减少，Z_{dk} 通过一种线性函数将污染物转化为期望产出。同时，Z_{dk} 是第二阶段的投入，评价带有非期望中间产出的两阶段网络结构模型效率的一种方法就是从整体的角度，确定中间因素的最优权重，从而计算出最优的效率值。这里假设中间产品 Z_{dk} 作为第一阶段的产出和第二阶段的投入，在第一阶段和第二阶段的权重相等。即 $\varphi = \varphi^1 = \varphi^2$。

（2）式（8-4）中 $X_{降水量}$ 表示非自由处置的投入变量（non-discretionary）。非自由处置变量往往被当作生产过程的外部因素进行处理。到目前为止，已经有不少面向非自由处置变量的 DEA 模型出现[54, 55]。通常，学者们使用非自由变量来表示一些不可控的指标。这里借鉴将降水量作为非自由处置投入变量的思路[56]。

8.4　实　证　分　析

本章运用 DEA 方法分析不同省份雾霾产生及治理的效率。此外，由于各个省份雾霾产生及治理千差万别，可以在评价效率的同时，找出影响各省份雾霾治理的制约因素，并在此基础上提出相应的解决方案。

DEA 有效值的经济意义如下所述。

（1）当 $E = 1$，且 $S^+ = S^- = 0$ 时，则称 DMU_0 为 DEA 有效，投入产出效率最优，即该单元 DUM_0 在投入 X_0 的基础上所获得的产出 Y_0 达到最优。

（2）当 $E = 1$，且 $S^+ \neq 0$ 或 $S^- \neq 0$ 时，则称 DMU_0 为弱 DEA 有效，即在这 n 个决策单元组成的经济系统中，对于投入 X_0 可减少 S^- 而保持原产出 Y_0 不变，或在投入 X_0 不变的情况下可将产出提高 S^+，S^- 和 S^+ 分别是各项投入和产出的松弛变量。

（3）当 $0 \leqslant E < 1$ 时，称 DMU_0 为 DEA 无效，即该单元可通过组合将投入降至原投入 X_0 的 E 比例而保持原产出 Y_0 不变。

本章利用 Matlab 软件编写程序，运行结果如表 8-2。

表 8-2　PM$_{2.5}$ 产生和治理阶段的效率值

地区	PM$_{2.5}$ 产生阶段的效率值	PM$_{2.5}$ 治理阶段的效率值
北京	1.00	0.41
天津	1.00	0.58
河北	0.82	0.25
山西	0.59	0.53
内蒙古	1.00	0.67
辽宁	0.89	0.52
吉林	0.82	0.75
黑龙江	0.75	0.74
上海	1.00	0.84
江苏	0.89	0.48
浙江	0.82	0.58
安徽	0.82	0.41
福建	0.85	0.91
江西	0.78	0.76
山东	0.90	0.29
河南	0.65	0.39
湖北	0.90	0.51
湖南	0.95	0.63
广东	0.90	0.74
广西	0.80	0.84
海南	0.87	1.00
重庆	0.83	0.76
四川	0.74	0.63
贵州	0.63	0.96
云南	0.64	1.00
西藏	1.00	1.00
陕西	0.72	0.46
甘肃	0.60	0.87
青海	0.88	0.98
宁夏	0.84	0.76
新疆	0.60	0.60

　　从表 8-2 中的相对效率值来看，在产生阶段，我国各省份的雾霾产生的效率差距比较大。大致可以分为三类。第一类是北京、天津、内蒙古、上海和西藏 5 个。它们的投入产出效率最高，效率值为 1，均处于共同前沿面上，即有效投入产出效率最优；第二类为河北、重庆、宁夏、福建、海南、青海、江苏、辽宁、广东、

湖北、山东和湖南，这 12 个省份的投入产出效率高于全国的雾霾排放效率均值，距离前沿面比较近；第三类为山西、新疆、甘肃、贵州、云南、河南、陕西、四川、黑龙江、江西、广西、吉林、安徽和浙江，这 14 个省份的雾霾排放效率均低于平均效率，距离前沿面比较远，其中山西的投入产出效率最低，为 0.59。

治理阶段中，西藏、云南和海南 3 个省份的投入产出效率最高，其效率值为 1，均处于共同前沿面上，即有效投入产出效率最优；第二类为广东、黑龙江、吉林、江西、宁夏、重庆、广西、上海、甘肃、福建、贵州和青海，这 12 个省份的投入产出效率高于全国的雾霾治理效率均值，距离前沿面比较近；第三类为河北、山东、河南、安徽、北京、陕西、江苏、湖北、辽宁、山西、天津、浙江、新疆、四川、湖南和内蒙古，这 16 个省份的雾霾治理效率均低于平均效率，距离前沿面比较远，其中河北的治理效率最低，为 0.25。

综合这两个阶段来看，产生阶段和治理阶段的效率值的差别还是比较明显的。除西藏两个阶段都为 1 外，山东、北京、河北、天津、安徽和江苏等省份两阶段的效率值差异较大且雾霾产生效率大于雾霾治理效率。其中，山东、北京、河北、天津、安徽和江苏等省份产生阶段的雾霾产生效率值都大于治理阶段的雾霾治理效率值，表示第一阶段的产出（GDP、碳排放、SO_2 排放量、NO_x 排放量、烟尘排放量）与投入（资本、劳动力、汽车保有量和煤炭消费量）的比值相对较大。观察这些省份的特征可以发现，雾霾产生阶段效率较低的省份，多是经济发展相对较缓、气象条件也较差的内陆省份，如云南、贵州、甘肃、江西、黑龙江、广西、吉林、新疆、山西、河南、陕西、四川、安徽和河北等省份。雾霾治理效率较高的省份可分为两类，一类是经济发展相对落后的省份，如云南、贵州、甘肃、江西、黑龙江、广西、吉林、青海、西藏、宁夏、重庆等中西部地区，雾霾产生的少，治理难度较小；第二类是广东、上海、海南、福建等经济较为发达，但也是沿海地区，降雨量和大风天数均较多，气象条件较好，治理难度也较小。从以上分析来看，决定产生和效率两个阶段效率的主要因素包括经济发展水平和气象等条件。

8.5　讨　论

根据表 8-2 数据，将 31 个省份两阶段效率的平均值分别作为分界线（图 8-3）。

垂直分界线为 31 个省份雾霾产生阶段的效率均值，水平分界线 Line2 为 31 个省份雾霾治理阶段的效率均值，由此将区域分为四部分：低低型、低高型、高低型和高高型。低低型为雾霾产生阶段效率及雾霾治理阶段效率都低于全国平均效率的区域，这些省份有山西、新疆、河南、陕西、四川、浙江、安徽和河北 8 个省份。这些省份大多经济较为落后，且处于内陆地区；低高型为雾霾产生阶段效率低于全国平均效率且雾霾治理效率高于全国雾霾治理平均效率的区域，这些

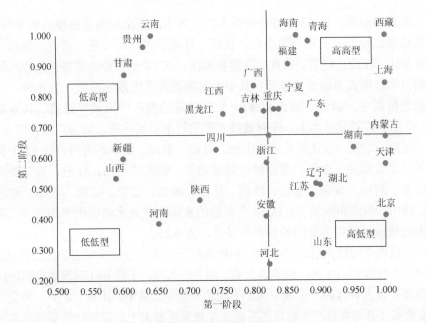

图 8-3　各省份两阶段效率分布图

省份有甘肃、贵州、云南、黑龙江、江西、广西及吉林 7 个省份，这些省份的经济较为落后，但生态更脆弱，大气环境容量较小；高低型为雾霾产生阶段效率高于全国平均效率且雾霾治理效率低于全国雾霾治理平均效率的区域，这些主要省份有江苏、辽宁、湖北、湖南、内蒙古、天津、山东及北京 8 个省份，这些省份的经济较为发达，但大气环境容量较大，治理的难度也较大；高高型为雾霾产生阶段效率及雾霾治理阶段效率都高于全国平均效率的区域，这些主要省份有重庆、宁夏、福建、海南、青海、广东、上海及西藏 8 个省份，这些省份或者经济条件较好，或者处于沿海地区，或者气象条件较好。

可见，决定这些省份的雾霾产生和治理效率高低的因素主要包括经济条件、大气环境容量和气象条件。因此，在制定雾霾等大气污染物的排放额度等政策时，除考虑经济发展水平外，还应该考虑各省份的自然条件。

本章的创新之处有两点，一是突破采用物化方法防治雾霾的传统范式，构建管理学分析框架。学者们通常采用物理和化学手段解析雾霾组分，通过查找雾霾源头的方式防治雾霾。但雾霾成分及种类繁多，源头解析工作在短期内难以奏效。本章借助 DEA 这种实用的优化规划方法，提出"方法研究→额度测算→对策方案"的管理分析框架，是对传统防治雾霾思路的有益补充；二是扩充了 DEA 的应用范围。雾霾是自然环境与人类社会的共同产物。但雾霾与单一的大气污染物不同，其组分及形成过程复杂，很少有人将 DEA 应用到雾霾的排放效率。本章结合气象条件和大气环境等知识，合理构建多阶段 DEA 模型，扩充了 DEA 模型的应用领域。

当然，未来还有值得进一步研究之处。首先，雾霾在地理上存在跨界输送现象，如何对存在跨界输送关系的省份之间界定合作与竞争关系；其次，各省份之间的发展程度不一样，不能一概而论，如何兼顾效率与公平的双重目标，在此基础上评价各排放单元的效率，确定非期望产出的排放削减量等，这些都值得进一步研究。

参 考 文 献

[1] 杨超. 中国大气污染治理政策分析[D]. 西安：长安大学博士学位论文，2015.

[2] Englert N. Fine particles and human heath—a review of epidemiological studies[J]. Toxicology Letters，2004，149（1-3）：235-242.

[3] Charnes A，Cooper W W，Rhodes E. Measuring the efficiency of decision making units[J]. European Journal of Operational Research，1978，2（6）：429-444.

[4] 魏权龄. 评价相对有效性的 DEA 方法：运筹学的新领域[M]. 中国人民大学出版社，1988.

[5] 朱乔. 数据包络分析（DEA）方法综述与展望[J]. 系统管理学报，1994（4）：1-9.

[6] Wei Y，Liao H，Fan Y. An empirical analysis of energy efficiency in China's iron and steel sector[J]. Energy，2007，32（12）：2262-2270.

[7] 吴杰. 数据包络分析（DEA）的交叉效率研究[D]. 中国科学技术大学，2008.

[8] 王群伟，周鹏，周德群. 生产技术异质性、二氧化碳排放与绩效损失——基于共同前沿的国际比较[J]. 科研管理，2014，35（10）：41-48.

[9] 王科，李默洁. 碳排放配额分配的 DEA 建模与应用[J]. 北京理工大学学报：社会科学版，2013，15（4）：7-13.

[10] 王奇，李明全. 基于 DEA 方法的我国大气污染治理效率评价[J]. 中国环境科学，2012，32（5）：942-946.

[11] Zhou P，Sun Z R，Zhou D Q. Optimal path for controlling CO_2 emissions in China：a perspective of efficiency analysis. Energy Economics. 2014（45）：99-110.

[12] Bi G B，Song W，Zhou P，et al. Does environmental regulation affect energy efficiency in China's thermal power generation？Empirical evidence from a slacks based DEA model. Energy Policy，2014（66）：537-546.

[13] Sueyoshi T，Goto M. DEA radial and non-radial models for unified efficiency under natural and managerial disposability：Theoretical extension by strong complementary slackness conditions [J]. Energy Economics，2012，34（3）：700-713.

[14] Sueyoshi T，Yuan Y. China's regional sustainability and diversified resource allocation：DEA environmental assessment on economic development and air pollution [J]. Energy Economics，2015，49（8）：239-256.

[15] Song M，Cen L，Zheng Z，Fisher R，Liang X，Wang Y，Huisingh Donald. How would big data support societal development and environmental sustainability？Insights and practices [J]. Journal of Cleaner Production，2017，142（2）：489-500.

[16] Zhou P，Ang B W，Poh K L. A survey of data envelopment analysis in energy and environmental studies[J]. European Journal of Operational Research，2008（189）：1-18.

[17] Zhang N，Choi Y. A note on the evolution of directional distance function and its development in energy and environmental studies 1997-2013[J]. Renewable and Sustainable Energy Reviews，2014（33）：50-59.

[18] Sueyoshi T, Yuana Y, Goto M. A literature study for DEA applied to energy and environment [J]. Energy Economics, 2016 (62): 104-124.

[19] 孟庆春, 黄伟东, 戎晓霞. 灰霾环境下能源效率测算与节能减排潜力分析——基于多非期望产出的 NH-DEA 模型[J]. 中国管理科学, 2016, 24 (8): 53-61.

[20] 张人禾, 李强, 张若楠. 2013 年 1 月中国东部持续性强雾霾天气产生的气象条件分析[J]. 中国科学: 地球科学, 2014, 44 (1): 27-36.

[21] 白鹤鸣. 京津冀地区空气污染时空分布研究[D]. 南京信息工程大学, 2013.

[22] Zhang C, Liu H, Bressers H T A. Buchanan, K. S. Productivity growth and environmental regulations——accounting for undesirable outputs: analysis of China's thirty provincial regions using the Malmquist-Luenberger index[J]. Ecological Economics, 2011 (70): 2369-2371.

[23] Griffith S M, Huang X H H, Louie P K K, et al. Characterizing the thermodynamic and chemical composition factors controlling $PM_{2.5}$ nitrate: insights gained from two years of online measurements in Hong Kong [J]. Atmospheric Environment, 2015 (122): 864-875.

[24] Zhao M, Qiao T, Huang Z, et al. Comparison of ionic and carbonaceous compositions of $PM_{2.5}$ in 2009 and 2012 in Shanghai, China [J]. Science of the Total Environment, 2015 (536): 695-703.

[25] Qiao T, Xiu G, Zheng Y, et al. Preliminary investigation of PM1, $PM_{2.5}$, PM10, and its metal elemental composition in tunnels at a subway station in Shanghai, China[J]. Transportation Research Part D, 2015 (41): 136-146.

[26] Zhang Y, Huang W, Cai T, et al. Concentrations and chemical compositions of fine particles ($PM_{2.5}$) during haze and non-haze days in Beijing[J]. Atmospheric Research, 2016 (174): 62-69.

[27] Qiu X H, Duan L, Gao J, et al. Chemical composition and source apportionment of PM10 and $PM_{2.5}$ in different functional areas of Lanzhou, China [J]. Journal of Environmental Science, 2016 (40): 75-83.

[28] Färe R, Grosskopf S. Intertemporal production frontiers: with dynamic DEA [J]. Journal of the Operational Research Society, 1996, 48 (6): 9-45.

[29] Yu Y, Zhu W, Shi Q, et al. Network-like DEA approach for environmental assessment: evidence from U. S. manufacturing sectors[J]. Journal of Cleaner Production, 2016, 139: 277-286.

[30] 卞亦文. 非合作博弈两阶段生产系统的环境效率评价[J]. 管理科学学报, 2012, 15 (7): 11-19.

[31] 向小东, 范秀丽. 基于网络 DEA 交叉效率的环境效率评价研究[J]. 福州大学学报(哲学社会科学版), 2015, 29 (3): 51-56.

[32] 郑佩娜, 陈海波, 陈新庚, 等. 基于 DEA 模型的区域削减指标分配研究[J]. 环境工程学报, 2007, 1 (11): 133-139.

[33] 史丹, 吴利学, 傅晓霞, 吴滨. 中国能源效率地区差异及其成因研究——基于随机前沿生产函数的方差分解[J]. 管理世界, 2008 (2): 35-43.

[34] Zhang R, Jing J, Tao J. Chemical characterization and source apportionment of $PM_{2.5}$ in Beijing: seasonal perspective[J]. Atmospheric Chemistry and Physics, 2013, 13 (14): 7053-7074

[35] 史妍婷. 电力热力的生产与供应业燃煤锅炉 $PM_{2.5}$ 减排策略研究[D]. 哈尔滨工业大学, 2013.

[36] Fameli K M, Assimakopoulos V D. Development of a road transport emission inventory for Greece and the Greater Athens Area: effects of important parameters [J]. Science of the Total Environment, 2015, 505C: 770-786.

[37] Khalili N R, Scheff P A, Holsen T M. PAH source fingerprints for coke ovens, diesel and, gasoline engines, highway tunnels, and wood ctmbustion emissions [J]. Atmospheric Environmmt, 1995, 29 (4): 533-542.

[38] 奚务俭, 黄慧, 朱晓东. 南京市 $PM_{2.5}$ 污染源分析与控制对策研究[J]. 环境科学与管理, 2013, 38(5): 143-148.

[39]　Zhao A. Analysis of Impact Effect Imposed on Carbon Emission Intensity and Coal Consumption of China[J]. China Population Resources & Environment，2011.

[40]　Gieré R，Blackford M，Smith K. TEM study of PM$_{2.5}$ emitted from coal and tire combustion in a thermal power station[J]. Environmental Science & Technology，2006，40（20）：6235-6240.

[41]　Zhang X M, Wu Y Y, Gu B J. Characterization of haze episodes and factors contributing to their formation using a panel model[J]. Chemosphere，2016，149：320.

[42]　Wang J, Zhao T, Zhang X H. Environmental assessment and investment strategies of provincial industrial sector in China—Analysis based on DEA model[J]. Environmental Impact Assessment Review，2016，60：156-168.

[43]　吴淑丽，昌先宇，谭竿荣. 中国环保投资废气治理效率差异及其影响因素研究——基于 29 省市面板数据的分析[J]. 统计教育，2010（5）：16-23.

[44]　董小林, 杨梦瑶. 基于污染治理投入度指数的工业废气排放与治理投资关系[J]. 地球科学与环境学报, 2013, 35（3）：113-118.

[45]　Wang P, Cao J, Tie X, et al. Impact of meteorological parameters and gaseous pollutants on PM$_{2.5}$ and PM$_{10}$ mass concentrations during 2010 in Xi'an [J]. Aerosol & Air Quality Research，2015，15.

[46]　Jones A M, Harrison R M, Baker J. The wind speed dependence of the concentrations of airborne particulate matter and NOx[J]. Atmospheric Environment，2010，44（13）：1682-1690.

[47]　李军，孙春宝，刘咸德. 气象因素对北京市大气颗粒物浓度影响的非参数分析[J]. 环境科学研究，2009，22（6）：663-669.

[48]　Jin S J, Guo J K, Stephen Wheeler, et al. Evaluation of impacts of trees on PM$_{2.5}$ dispersion in urban streets[J]. Atmospheric Environment，2014，99（99）：277-287.

[49]　Beckett K P, Freer-Smith P H, Taylor G. Effective tree species for local air-quality management[J]. Journal of Arboriculture，2000，26（1）：12-19.

[50]　Yang Y, Yu Q, Gong P. Quantifying air pollution removal by green roofs in Chicago[J]. Atmospheric Environment，2008，42（31）：7266-7273.

[51]　郭际, 刘慧, 吴先华, 等. 基于 ZSG-DEA 模型的大气污染物排放权分配效率研究[J]. 中国软科学, 2015(11)：176-185.

[52]　王金南, 许开鹏, 迟妍妍, 等. 我国环境功能评价与区划方案[J]. 生态学报，2014，34（1）：129-135.

[53]　Seiford L M, Zhu J. Modeling undesirable factors in efficiency evaluation[J]. European Journal of Operational Research，2002，142（1）：16-20.

[54]　Banker R D，Morey R C. Efficiency analysis for exogenously fixed inputs and outputs[J]. Operations Research，1986，34：513-521.

[55]　Ruggiero J. On the measurement of technical efficiency in the public sector [J]. European Journal of Operational Research 1996，90：553-565.

[56]　李磊，李明月，吴春林. 考虑环境因素的三阶段半参数效率评价模型与实证研究[J]. 中国管理科学，2012，V（2）：107-113.

本章附录　碳排放量估算问题

IPCC（2006）提供了基于衡算法估算化石能源碳排放的部门方法（sectorial

approach）和参考方法（reference approach）[①]。本章采用该方法对工业能源碳排放进行估算，具体计算公式如下。

$$\sum_{i=1}^{n}(CO_2)_i = \sum_{i=1}^{n} E_i \times NCV_i \times CEF_i \times COF_i \times (44/12) \qquad \text{附（8-1）}$$

式中，E 代表能源消耗的实物量；i 代表能源种类；NCV 为能源的平均低位发热量（IPCC 称为净发热值）；CEF 为单位热值当量的碳排放因子；COF 是碳氧化因子（化石燃料中只有很小一部分碳在燃烧过程中不会被氧化，99%～100%的碳都被氧化了，故缺省值设为 1）；44 和 12 分别为 CO_2 和 C 的分子量。本章仅针对工业层面的碳排放进行估算，根据截面数据估算对象的特征，一次能源碳排放核算全部采取终端能源消费原则进行核算。依据附式（8-1）估算工业能源 CO_2 排放量时，需要利用工业各类能源的消耗量，并需要对各类能源的平均低位发热量、碳氧化因子和碳排放因子等参数值进行设定，相关参数设定如（附表 8-1）所示。各化石燃料的平均低位发热量取自《中国能源统计年鉴》，其中，型煤、其他石油制品和其他焦化产品的净发热值取自 IPCC（2006）第二卷。

附表 8-1　工业能源碳排放估算中的参数设定

燃料类型	平均低位发热量/(kJ/kg)	碳氧化率/%	碳排放因子/(t/TJ)
原煤	20 908	100	25.8
焦炭	28 435	100	29.2
原油	41 816	100	20
汽油	43 070	100	18.9
煤油	43 070	100	19.5
柴油	42 625	100	20.2
燃料油	41 816	100	21.1
天然气	38 931	100	15.3

资料来源：《综合能耗计算通则》（GB/T2589—2008），《2006 年 IPCC 国家温室气体清单编制指南》（IPCC，2006）第二卷第一章中的表 1.2 和表 1.3。

由上述公式及 2014 年中国各省各类燃料消费量，计算得到中国 2014 年各省的碳排放量。

[①] 参考方法是一种自上而下的估算方法，不考虑化石燃料的中间转换，只考虑各种类型燃料使用而不区分各类燃料在不同部门的消耗情况，相对自下而上的部门方法，更易于获取相关数据，计算方便简捷，是 IPCC 所推荐的缺省方法。

附表 8-2　各指标的原始数据表

附表 8-2 各指标的原始数据表。

DMU	资本/亿元	劳动力/万人	汽车保有量/万辆	煤炭消费量/万吨	GDP/亿元	SO$_2$排放量/吨	NO$_x$排放量/吨	烟尘排放量/吨	碳排放/吨	降水量/毫米	治理废气投资/万元	绿化比率/%	PM$_{2.5}$年平均浓度	空气质量达到及好于二级天数/天
北京	6 924.23	755.86	966.62	1 736.54	21 330.83	78 906.03	150 955.14	57 372.45	10 374 334 362	461.5	62 281	49.1	86	168
天津	10 518.19	295.51	509.29	5 027.28	15 726.93	209 200	282 300	139 511.47	20 034 636 270	441.4	151 108	34.9	83	175
河北	26 671.92	656.18	1 764.98	29 635.54	29 421.15	1 189 902.56	1 512 468.92	1 797 683.42	91 228 396 696	294.8	779 803	41.9	124	97
山西	12 354.53	452.09	791.38	37 587.43	12 761.49	1 208 225.28	1 069 859.77	1 506 778.02	83 330 264 650	428.7	230 646	40.1	72	197
内蒙	17 591.83	301.45	642.63	36 465.97	17 770.19	1 312 436.37	1 258 281.03	1 021 510.38	80 768 506 870	394.8	708 403	39.8	46	240
辽宁	24 730.8	665.17	937.02	18 002.27	28 626.58	994 597.4	901 964.07	1 120 701.44	72 061 262 032	362.9	326 098	40.1	74	190
吉林	11 339.62	334.42	526.75	10 379.34	13 803.14	372 256	549 246.84	475 132.99	27 547 194 701	446	153 382	35.8	68	239
黑龙江	9 828.99	450.88	587.81	13 595.53	15 039.38	472 248.4	730 584.86	793 548.57	37 138 071 681	415.8	160 834	36	72	241
上海	6 016.43	648.88	438.33	4 895.78	23 567.7	188 149.16	332 790.47	141 650.1	25 351 388 731	1 295.3	98 400	38.4	52	278
江苏	41 938.62	1602.4	2 022.93	26 912.61	65 088.32	904 740.62	1 232 552.49	763 678.35	80 879 250 176	1 091.1	383 361	42.6	74	188
浙江	24 262.77	1102.68	1 882	13 824.37	40 173.03	574 012.17	687 850.05	379 666.45	43 787 271 206	1 359.9	414 013	40.8	65	216
安徽	21 875.58	521.74	757.86	15 786.98	20 848.75	492 965.67	807 304.79	652 781.96	40 050 837 023	1 180.2	149 590	41.2	83	151
福建	18 177.86	654.64	716.13	8 198.3	24 055.76	355 957.2	411 661.5	367 902.63	28 503 278 119	1 628	183 548	42.8	34	340
江西	15 079.26	465.26	521.85	7 477.31	15 714.63	534 414.92	540 114.93	462 330.57	21 394 264 516	1 431.8	101 458	44.6	52	294
山东	42 495.55	1266.34	2 541.87	39 561.73	59 426.59	1 590 236.96	1 593 310.72	1 208 102.46	1.27 943E+11	521.4	1 281 351	42.8	87	107

续表

DMU	资本/亿元	劳动力/万人	汽车保有量/万辆	煤炭消费量/万吨	GDP/亿元	SO_2排放量/吨	NO_x排放量/吨	烟尘排放量/吨	碳排放/吨	降水量/毫米	治理废气投资/万元	绿化比率/%	$PM_{2.5}$年平均浓度	空气质量达到及好于二级天数/天
河南	30 782.17	1108.89	1 745.05	24 249.88	34 938.24	1 198 182.07	1 422 013.46	882 102.59	63 369 774 643	551.6	464 979	38.3	88	135
湖北	22 915.3	706.8	771.87	11 887.83	27 379.22	583 759.24	580 221.62	504 006.07	36 321 023 923	1 208.6	232 512	37.9	82	177
湖南	21 242.92	597.9	819.19	10 899.51	27 037.32	623 688.6	552 773.06	496 165.87	30 836 483 005	1 386.8	133 227	38.6	74	224
广东	26 293.93	1 973.28	2 481.67	17 013.71	67 809.85	730 146.58	1 122 111.74	449 548.89	60 752 546 791	2234	271 987	41.4	49	282
广西	13 843.22	401.46	583.4	6 796.51	15 672.89	466 588.74	442 398.76	402 934.62	23 532 265 913	1 234.7	106 049	39.3	49	292
海南	3 112.23	101.52	136.76	1 018.3	3 500.72	32 563.91	95 001.9	23 171.24	5 992 939 638	1 861.3	55 649	41.3	23	346
重庆	12 285.42	414.47	427.62	6 095.78	14 262.6	526 944.28	355 017.97	226 130.56	15 335 979 629	1 452.1	34 278	40.6	65	246
四川	23 318.57	808.75	1 243.02	11 045.39	28 536.66	796 401.53	585 438.61	428 629.91	3 655 4045 895	975	164 883	37.5	77	216
贵州	9 025.75	304.75	452.19	13 117.6	9 266.39	925 787.1	491 070.7	377 856.14	29 053 741 520	1 562	169 146	34	48	301
云南	11 498.53	419.57	803.52	8 674.67	12 814.59	636 683.23	498 879.94	366 818.71	23 555 447 704	1 078.3	134 079	38.1	35	350
西藏	1 069.23	32.54	52.48	0.001	920.83	4 249.87	48 343.52	13 889.88	1 245 933 333	637.8	1 453	43.8	25	321
陕西	17 191.92	516.52	716.54	18 375.34	17 689.94	780 954.38	705 755.99	709 137.44	48 931 332 033	660.2	255 980	40.5	77	172
甘肃	7 884.13	264.74	327.27	6 715.87	6 836.82	575 648.72	418 399.8	345 810.85	21 557 583 060	355.6	137 981	30.8	61	247
青海	2 861.23	63.19	122.94	1 816.51	2 303.32	154 276	134 518.07	239 866.81	5 362 116 677	446.5	48 768	31.6	63	261
宁夏	3 173.79	73.25	168.66	8 857	2 752.1	377 055.54	404 032.35	239 170.83	20 594 142 088	169.2	219 777	38	53	255
新疆	9 447.74	316.65	477.81	16 088.03	9 273.46	852 981.33	862 792.27	813 915.92	46 225 260 022	300.9	278 911	36.8	61	202

第9章 雾霾污染的源头投入削减

当前中国雾霾天气日益严重，如何减少雾霾排放是中国环境治理急需解决的问题。通过减少投入源以减少雾霾的产生是控制雾霾排放的可行途径。本章提出一种通过削减投入指标以控制雾霾总体排放的思路，利用数据包络模型（DEA），在前人研究基础上，选用 SO_2 排放量、NO_x 排放量、烟尘排放量、煤炭消费量、汽车保有量、资本、劳动力 7 个投入指标，将 GDP 和 $PM_{2.5}$ 排放量分别作为期望产出和非期望产出指标，测算我国 29 个省份投入指标的产出效率。结果发现：①从全国范围来看，在产生同等 $PM_{2.5}$ 和 GDP 时，投入指标冗余过量。除劳动力投入冗余率较低外，其余投入变量的冗余率均较高，其中烟尘、SO_2 和煤炭消费量的冗余率较高，分别为 78%、67.18% 和 61.14%。②从各省份看，除了北京、上海及天津 3 个省份的投入产出效率最优外，其他省份均有投入冗余。其中，宁夏、贵州、山西等中西部相对落后省份的冗余量较大。本章思路为削减雾霾的理论研究提供参考，结果可为政府的减霾工作提供实证支持。

9.1 问题提出

改革开放来，我国粗放型的经济增长方式带来高强度的污染排放，导致几乎所有污染物排放总量居高不下。尤其是大气污染问题日益突出。2013 年亚洲开发银行和清华大学联合发布的《中华人民共和国国家环境分析》报告称，中国最大的 500 个城市中，只有不到 1% 的城市达到了世界卫生组织推荐的空气质量标准，并指出世界上污染最严重的 10 个城市中，有 7 个在中国[1]。重污染天气周而复始、持续性雾霾居高不下，极大地损害了居民身体健康、侵害了政府公信力、阻碍了社会可持续发展，已成为"全面建成小康社会"进程的严重制约。如何采取有效措施应对雾霾等大气污染带来的挑战，成为政府部门、学术界等共同关心的重要议题。

政府部门期望通过颁发政策文件，利用国家行政力量强力推动减霾。我国政府高度重视雾霾的防治工作，先后发布了一系列重要的政策文件。如国务院于 2013 年 9 月颁发了《大气污染防治行动计划》[2]（简称大气十条），不仅对各地区大气污染设立了明确的控制目标，而且制定了十大类 35 项具体措施，力争再用五年或更长时间，逐步消除重污染天气，改善全国空气质量。2014 年的政府工作报告中，李克强总理在谈到雾霾治理时，提出"必须加强生态保护，下决心用硬措施完成硬任务"。2015 年 2 月举行的国务院常务会议要求在抓紧完善现有大气治理政策的基础上，推出加快调整能源结构、发挥税收等的激励作用和实施大气污染防治责任考核三大措施。这些政策和会议都要求建立区域协作机制、统筹区域环境治理。特别提出要从技术进步、调整能源结构和产业结构三大治霾路径出发，通过政府管制强力推动雾霾治理。但各省应如何调整能源结构和产业结构，调整幅度如何，尚无明确的目标和路径，使得政策的可操作性不强。

许多学者试图从了解大气污染物的成因入手，从源头上控制大气污染物的排放。但大气污染物的来源体系和形成过程异常复杂。目前中国大气污染排放体系包括电厂、化工等固定源、机动车、非道路机械等移动源、溶剂涂料、农业、生物质燃烧和扬尘等面源，以及植被排放等天然源，不仅涉及的行业多样，同一行业中生产工艺的技术跨度也极大，排放特征差异悬殊。从污染成因看，除直接来自源排放的一次细颗粒物外，更复杂的是二氧化硫（SO_2）、氮氧化物（NO_x）、挥发性有机物（VOCs）、氨（NH_3）等气态污染物在大气中经化学转化形成的臭氧（O_3）和二次颗粒物（包括硫酸盐、硝酸盐、铵盐和有机物等）。历史监测数据的分析显示，在江苏省最近发生的几次典型大气重污染事件中，二次颗粒物在 $PM_{2.5}$ 质量浓度中的比例超过 80%。而且多种污染物同时以高浓度存在，形成过程相互交错和耦合，局地与区域的大气污染相互影响。另外，快速城镇化建设深刻地改变城市群区域空间结构，导致大气边界层扩散能力减弱、不利天气出现频率增加。这些都是城市大气污染形成的综合因素。可见，大气污染物的成因和来源体系非常复杂，无法有效地对症下药，使得大气污染的防治愈发艰难。因此，想要从源头上理清雾霾的成因，然后再采取措施减霾，是一件难度很大、跨期很长的工作。因此，如果能从管理学的视角出发，采用定量分析工具研究大气污染物的减排指标，一方面不需要在短期内厘清大气污染的源头及其形成过程，另一方面可以为政府规制的减排指标及其幅度提供实证支撑，无疑具有很好的方法参考价值和现实指导意义。

本章尝试提出一种通过削减导致雾霾的源头性指标以控制雾霾排放的方法。以中国各省份作为评价单元，以 $PM_{2.5}$ 为例（作为非期望产出），采用数据包络模型（DEA）评价方法，将引起 $PM_{2.5}$ 排放的典型的可能性因素作为投入指标，从排放效率评价的角度，测算投入指标的冗余程度，将冗余指标作为控制 $PM_{2.5}$ 排放的削减指标，以达到削减雾霾的目标。这种方法不用考虑雾霾复杂的致灾机理和形成过程，数据可获取，原理简单，思路清晰，为雾霾的防控与治理提供了新的思路。

本章还包括文献综述，模型、指标和数据说明及实证结果分析，最后是结论及政策建议。

9.2 国内外研究进展

9.2.1 DEA 方法及其应用

DEA 方法最早于 1978 年提出[3],是一种采用线性规划的方法评估评价单元效率的数学方法,其突出优点包括不需要考虑投入和产出指标的权重[4],采用线性规划的方法进行评价,比较稳健[5],通过有效与非有效评价单元之间的对比,有助于分析非效率的决定因素[6]。当然,DEA 也有不足,如对异常值和投入产出指标的组合方式比较敏感[7~8]。

环境绩效评价是 DEA 得到广泛应用的领域之一。如在 DEA 环境绩效评价思路的提出[9~14],评价模型的构建[15~21],以及模型的应用评价等方面[22~27],均产生了很多高质量的成果。

学者们开始借鉴环境绩效评估的思路,用 DEA 评价大气污染物的排放效率。如较早采用 DEA 测算了以色列电力部门的污染减排边际成本[28];采用 DEA 模型,将 NO_x 和 SO_2 作为非期望产出,评估了美国电厂的排放效率,并采用 TOBIT 模型检验 SO_2 和 NO_x 的规制政策是否对 DEA 的得分产生了影响[29];采用拓展的 DEA 方法,测算了美国发电厂的环境绩效[30];用 DEA 方法,将 $PM_{2.5}$ 和 PM_{10} 作为非期望产出,评估了中国 28 个省市的排放绩效[31];提出针对多个非期望产出的非径向分配模型,以研究兼顾节能目标与"减霾"目标的区域大气污染物排放权分配机制,并实证分析了中国 2015 年 30 个省份的大气污染物排放权的区域分配[32];采用 ZSG-DEA 方法,将 $PM_{2.5}$ 作为非期望产出,考虑了各省市的大气容量,在假定 $PM_{2.5}$ 排放总量不变的情景下,评估了各省市 $PM_{2.5}$ 的排放效率[33]。

但是,较少有人将 $PM_{2.5}$ 作为非期望产出,运用 DEA 评估大气污染物的排放研究。尚没有看到将 $PM_{2.5}$ 的来源作为投入指标,评估 $PM_{2.5}$ 投入指标的冗余问题的研究。

9.2.2 $PM_{2.5}$ 的组分及来源

$PM_{2.5}$ 的组分及来源是大气污染研究中的热点问题。许多学者从光学特征的角度解析了不同地区不同季节的 $PM_{2.5}$ 的化学成分和来源,如西安春夏季气体及 $PM_{2.5}$ 中水溶性组分的污染特征[34];北京市 2013 和 2014 年热季 $PM_{2.5}$ 的组分和来源[35];上海 2012 年春季 $PM_{2.5}$ 的光学特征和化学组分[36];珠江三角洲地区 $PM_{2.5}$ 中有机酸的组分和来源[37];香港马路上 $PM_{2.5}$ 和 PM_{10} 的化学组分和来源构成[38];2013 年河北邯郸市严重霾的组分和来源构成等[39]。其他学者也对雾霾做了研究[40~47]。从这些文献来看，$PM_{2.5}$ 的化学组分构成非常复杂，主要成分有水溶性无机盐、无机元素、无机碳以及有机碳等，因地域因素、能源结构、气象因素、季节不同，化学组分有较大差异[48]。但从数据的可得性角度来看，大致总结出 $PM_{2.5}$ 的来源，可分为以下几个方面：煤的燃烧、石油产品的燃烧（汽车尾气）、建筑行业、城市废弃物燃烧、热电厂等[49~50]。根据以上研究，结合数据的可得性，本章选择 SO_2 排放量、氮氧化物排放量、烟尘排放量、煤炭消费量和汽车保有量等作为 $PM_{2.5}$ 的构成来源指标。

9.3　模型、指标与数据

9.3.1　DEA 模型

数据包络分析（data envelopment analysis，DEA）是利用投入产出数据测算最大产出或最小投入的边界、评价多投入多产出决策单元（decision making unit，DMU）效率的数学方法，于 1978 年首次提出，人们通常将 DEA 的第一个模型命名为 CCR 模型。

假设测量一组 n 个 DMU 的技术效率，记为 $DMU_j(j=1,2,\cdots,n)$；每个 DMU 有 m 种投入，记为 $x_i(i=1,2,\cdots,m)$，投入的权重表示为 $v_i(i=1,2,\cdots,m)$；q 种产出，记为 $y_r(r=1,2,\cdots,q)$，产出的权重表示为 $u_r(r=1,2\cdots,q)$。当前要测量的第 k 个 DMU 记为 DMU_k，其产出投入比为 h_k

$$h_k = \frac{\sum\limits_{r=1}^{q} u_{rk} y_{rk}}{\sum\limits_{i=1}^{m} v_{ik} x_{ik}} (v \geqslant 0, u \geqslant 0) \tag{9-1}$$

式中，x_{ik}, y_{rk} 分别表示 DMU_k 的投入、产出指标，v_{ik}, u_{rk} 分别表示 DMU_k 投入、产出指标的权重，假定 $h_k \in [0,1]$，若决策单元的规模收益不变，则 DEA 模型可表示为[51]。

$$\min\left[\theta - \varepsilon\left(\sum_{i=1}^{m} s_i^- + \sum_{r=1}^{q} s_r^+\right)\right]$$

$$其中, \sum_{k=1}^{n} \lambda_k x_{ik} + s_i^- = \theta x_{ik}, i=1,2,\cdots,m, \tag{9-2}$$

$$\sum_{k=1}^{n} \lambda_k y_{rk} - s_r^+ = y_{rk}, r=1,2,\cdots,q,$$

$$s^-, s^+, \lambda_k \geqslant 0, k=1,2,\cdots,n$$

在式（9-2）中，θ 为该决策单元 DMU_k 的有效值；ε 为非阿基米德无穷小量[52]，一般取 $\varepsilon = 10^{-6}$；s_i^- 和 s_r^+ 分别是各项投入、产出的松弛变量；λ_k 表示 DMU_k 的线性组合系数。式（9-2）是在保持产出不变的情况下、尽量缩小决策单元的资源投入的基本 DEA 模型。

CCR 模型得出的技术效率包含了规模效率的成分①，随后，基于规模报酬可变假设取代了 CCR 模型的固定规模报酬假设，发展成 BCC 模型，该模型可在规模报酬可变前提下进行 DMU 相对效率评价，得到的技术效率排除了规模影响，因此称为"纯技术效率"（pure technical efficiency，PTE），相比于规模报酬不变前提下进行 DMU 相对效率评价的 CCR 模型更符合实际情况。

BCC 模型在 CCR 模型的基础上增加了约束条件：$\sum_{j=1}^{n} \lambda_j = 1(\lambda_j \geqslant 0, j = 1, 2, \cdots, n)$，其作用是使投影点的生产规模与被评价 DMU 的生产规模处于同一水平。假设当前要测量的第 k 个 DMU 记为 DMU_k。

$$\min \theta$$

其中，

$$\sum_{k=1}^{n} \lambda_k x_{ik} \leqslant \theta x_{ik}, i = 1, 2, \cdots, m, \tag{9-3}$$

$$\sum_{k=1}^{n} \lambda_k y_{rk} \geqslant y_{rk}, r = 1, 2, \cdots, q,$$

$$\sum_{k=1}^{n} \lambda_k = 1, \lambda_k > 0, k = 1, 2, \cdots, n$$

其中，θ 为 DMU_k 的相对效率；λ_k 为权重系数；x_{ik} 和 y_{rk} 分别为 DMU_k 的投入和产出量。

在 DEA 的环境效率评估方面，通常将评价单元由于生产而排出的污染物（如废水、废气、固体废弃物等）称为非期望产出（undesirable outputs）[53]，对应的好产出（如工业总产值、利润等）称为期望产出（desirable outputs）。非期望产出的增加反而会造成决策单元效率的降低，因此，如何处理非期望产出成为评价环境效率的关键。

假设有 n 个决策单元 DMU，每个决策单元都有 m 项投入，q 项期望产出，p 项非期望产出，其中第 k 个决策单元 $DMU_k(k = 1, 2, \cdots, n)$ 的投入量 X_k，期望产出量 Y_k，非期望产出量为 Z_k。

$$X_k = (x_{1k}, x_{2k}, \cdots, x_{mk})^T > 0, \tag{9-4}$$

---

① 综合技术效率是由两部分组成，综合技术效率 = 纯技术效率×规模效率。纯技术效率是企业由于管理和技术等因素影响的生产效率，规模效率是由于企业规模因素影响的生产效率。

$$Y_k = (y_{1k}, y_{2k}, \cdots, y_{qk})^T > 0, \tag{9-5}$$

$$Z_k = (z_{1k}, z_{2k}, \cdots, z_{pk})^T \geqslant 0, \tag{9-6}$$

其中 x_{mk} 为 DMU$_k$ 的投入量；y_{qk} 为 DMU$_k$ 的期望产出量，z_{pk} 为 DMU$_k$ 的非期望产出量 $(k=1,2,\cdots,n)$。含有非期望产出的可能集 T_G。

$$T_G = \left\{ (X,Y,Z) \mid X \geqslant \sum_{k=1}^{n} \lambda_k X_k, Y \leqslant \sum_{k=1}^{n} \lambda_k Y_k, Z \geqslant \sum_{k=1}^{n} \lambda_k Z_k \right\} \tag{9-7}$$

$$\lambda_k \geqslant 0, k = 1, 2, \cdots, n$$

非期望产出模型可分为非期望产出的径向 DEA 模型与非期望产出的非径向 DEA 模型[54]。径向 DEA 模型被研究者广泛应用，但它也存在一些缺陷和不足：一是在径向 DEA 模型中，DMU$_k$ 各投入变量变化的比例是相同的，这意味着效率的改进是所有投入变量同比例减少的结果，但这可能与现实不相符；二是没有体现出决策者对要素投入偏好差异的影响；三是没有考虑非径向松弛变量 S^+、S^- 对 DMU$_j$ 效率的影响（S^- 和 S^+ 分别表示为决策单元的投入松弛变量和产出松弛变量）。本章希望通过松弛变量判断投入指标的冗余度，并分别削减不同投入指标以达到减少雾霾的目的，而非径向 DEA 模型考虑了投入变量的非同比例变化，对现实的解释力大大增强。鉴于此，本书采用包含非期望产出的非径向 DEA 模型，即用 $\sum_{i=1}^{m} \rho_i \theta_i \Big/ \sum_{i=1}^{m} \rho_i$ 来代替式（9-2）中的 θ，其中 ρ_i 为决策者对 DMU 中第 i 种投入变量的偏好程度，规定 $\rho_i \in [0,1]$，假设当前要测量的第 k 个 DMU 记为 DMU$_k$，则有非径向超效率 DEA 模型。

$$Min \left[\frac{\sum_{i=1}^{m} \rho_i \theta_i}{\sum_{i=1}^{m} \rho_i} - \varepsilon \left(\sum_{i=1}^{m} s_i^- + \sum_{r=1}^{q} s_r^+ \right) \right]$$

其中，

$$\sum_{k=1}^{n} \lambda_k x_{ik} + s_i^- = \theta_i x_k, i = 1, 2, \cdots, m, \tag{9-8}$$

$$\sum_{k=1}^{n} \lambda_k y_{rk} - s_r^+ = y_k, r = 1, 2, \cdots, q,$$

$$s^-, s^+, \lambda_k \geqslant 0, k = 1, 2, \cdots, n$$

θ_i 为该决策单元 DMU$_k$ 的有效值，上述模型采用 DEA-SOLVER Pro5 软件进行计算。

9.3.2 指标选取

1. 生产函数

投入指标的选取应具有明确的理论基础和经济学含义。柯布—道格拉斯提出的生产函数是刻画经济系统投入产出关系的经典模型。

$$Y = AL^{\alpha}K^{\beta}\mu \tag{9-9}$$

其中，Y 是总产值；A 是综合技术水平；如经营管理水平、劳动力素质、技术先进水平等；L 是投入的劳动力数；K 是投入的资本；α、β 分别是劳动力投入和资本投入的弹性系数；μ 表示随机干扰项。从式（9-9）可见，决定系统发展水平的主要因素是投入的劳动力数、固定资产和综合技术水平。

传统的生产函数的投入侧指标包括 K、L 等，产出侧为 GDP 等指标。后来，学者分别在投入侧加入能源、环境、气候等影响 GDP 产出的因素。如加入能源投入 E_{it}^{γ}（i 为某地区，t 为某时期，γ 为能源的产出弹性）[55]，将 C-D 生产函数进行拓展。

$$Y_{it} = A_{it}K_{it}^{\alpha}L_{it}^{\beta}E_{it}^{\gamma} \tag{9-10}$$

其中，Y_{it} 表示 i 地区 t 时期的产出；A_{it} 表示 i 地区 t 时期的广义技术（technology）；K_{it} 表示 i 地区 t 时期的资本投入；L_{it} 表示 i 地区 t 时期的劳动投入；E_{it} 表示 i 地区 t 时期的能源投入；α、β 和 γ 分别为资本、劳动和能源的产出弹性。

再如在投入侧加入原料使用量 r，能源使用量 e，劳动力投入 l，设备维护及管理投入 m，将 C-D 生产函数进行拓展[56]。

$$q = kr^{\alpha}e^{\beta}l^{\theta}m^{\gamma} \tag{9-11}$$

其中，α、β、θ、γ 分别为原料使用量 r，能源使用量 e，劳动力投入 l，设备维护及管理投入 m 的弹性系数。因此本章也借鉴这一思路，在生产函数的产出侧加入 PM$_{2.5}$ 指标，投入侧加入与 PM$_{2.5}$ 产出相关的环境和能源类指标，拓展如下生产函数。

$$Y_j = A_jK_j^{\alpha}L_j^{\beta}C_j^{\chi} \tag{9-12}$$

其中，Y_j 表示 j 地区的产出；A_j 表示 j 地区的广义技术（technology）；K_j 表示 j 地区的资本投入；L_j 表示 j 地区的劳动投入；C_j 表示 j 地区与 PM$_{2.5}$ 产出相关的环境和能源投入，α、β 和 χ 分别为资本、劳动和 PM$_{2.5}$ 产出相关的环境和能源投入指标的产出弹性。

2. PM$_{2.5}$ 的组分及来源的投入指标

如何选取合适的环境和能源类指标是研究的关键问题。本章借鉴了前人的研究，根据 PM$_{2.5}$ 的组分及来源，结合数据的可得性，选取资本、劳动力、SO$_2$、NO$_x$ 排放量、烟尘、煤炭消费量和汽车保有量 7 个指标作为投入指标。

硫化物及氮氧化物。研究表明，硫和氮的氧化物转化之后，成为 PM$_{2.5}$ 的重要来源[57]。颗粒物中二次硫酸盐对雾霾的形成有重要影响；雾霾次数减少和 PM$_{2.5}$ 的浓度减低以及硫排放减少有较好的关系[58]。以阿拉斯加州为例，二次硫酸盐、

硝酸盐对 $PM_{2.5}$ 的贡献率分别为 8%～20% 和 3%～11%，且 SO_2 排量和氮氧化物排量与 $PM_{2.5}$ 浓度指标高度相关。因此，本书选取 SO_2 和 NO_x 作为投入指标变量。数据来源于 2013 年的《中国环境统计年鉴》。

烟尘。根据研究，$PM_{2.5}$ 的来源主要有扬尘、建筑尘、煤烟尘、冶炼尘、硫酸盐和汽车尘，煤烟尘对 $PM_{2.5}$ 的贡献率为 30.34%[59]。而煤炭燃烧的烟尘包含了大量的各种 $PM_{2.5}$ 细小颗粒物，并对环境和健康产生重要影响[60]，因此选用该指标。数据来源于 2013 年的《中国环境统计年鉴》。

煤炭消费量。燃煤排放的 SO_2 和 NO_x 与空气中其他污染物进行复杂的化学反应，由气体污染物转化成固体污染物，成为 $PM_{2.5}$ 升高的最主要原因[60]。冬季煤炭供暖过程中，煤炭燃烧产生的 CO 排放量大幅增加，导致 $PM_{2.5}$ 浓度升高[61]。因此在投入指标中加入燃煤消费量指标。数据来源于 2013 年《中国能源统计年鉴》。

汽车保有量。根据环境保护部发布的《2013 年中国机动车污染防治年报》[62]，汽车是污染物总量的主要贡献者，其排放的 NO_x 和 $PM_{2.5}$ 超过 90%，HC 和 CO 超过 70%。机动车污染已成为我国空气污染的重要来源，是造成雾霾、光化学烟雾污染的重要原因。目前的城市大气污染物中，机动车排放的 NO_x、CO 分别占总量的 43% 和 83%[63]。研究表明，汽车行驶中既通过燃料燃烧直接排放 $PM_{2.5}$，也通过排放的尾气和其他污染物的化学反应间接生成 $PM_{2.5}$[64]。以北京市为例，$PM_{2.5}$ 的浓度往往在一天当中车流量最大的早高峰（7：00～9：00）和晚高峰（16：00～19：00）达到峰值，汽车尾气是北京 $PM_{2.5}$ 的最主要来源之一。因此本章将民用和私人汽车保有量作为投入指标。数据来源于 2013 年的《中国汽车市场年鉴》。

3. 产出指标

本章将 GDP 和 $PM_{2.5}$ 排放量分别作为期望产出和非期望产出指标[33]。考虑各省的国土面积和大气环境容量因素后，对 $PM_{2.5}$ 浓度进行折算处理，得到新的 $PM_{2.5}$ 衡量指标。首先将中国各省人口加权 $PM_{2.5}$ 浓度、各省面积、$PM_{2.5}$ 达标约束下的各省份一次 $PM_{2.5}$ 大气环境容量分别进行标准化处理，然后将标准化后的中国各省人口加权 $PM_{2.5}$ 浓度乘以各省国土面积，再除以全国 $PM_{2.5}$ 达标约束下的各省份一次 $PM_{2.5}$ 的大气环境容量，所得结果为 $PM_{2.5}$ 非期望产出值。

雾霾的评价指标。雾霾主要以 PM_{10} 和 $PM_{2.5}$ 为主要成分。国内自 2012 年才开始正式统计 $PM_{2.5}$ 的相关数据，数据的获取非常困难。目前，国内外学者除采用自行观测的数据外，大部分均采用巴特尔研究所（Battelle memorial institute）和哥伦比亚大学国际地球科学信息网（Center for international earth science information network）研发的全球 2001～2010 年 $PM_{2.5}$ 年均值。同时包括人口加权的 2001～

2010 年各省的 PM$_{2.5}$ 值。本书在计算 PM$_{2.5}$ 排放效率时，考虑了以下两个因素：一是各省份的面积（数据来自《中国统计年鉴》（2001~2010）），二是 PM$_{2.5}$ 达标约束下的各省份的一次 PM$_{2.5}$ 大气环境容量[65]。

大气环境容量。大气环境容量是指在满足大气环境目标值（即能维持生态平衡并且不超过人体健康要求的阈值）的条件下，一个区域大气环境所能承纳污染物的最大能力，或所能允许的最大排放量，大气环境容量是大气污染物总量控制和空气质量管理的重要依据。许多学者开展了针对不同环境目标下的大气环境容量计算和模拟[65, 66]。其中，基于第 3 代空气质量模型 WRF-CAMx 和全国大气污染物排放清单，开发了以环境质量为约束的大气环境容量迭代算法，并以我国 333 个地级城市 PM$_{2.5}$ 年均浓度达到环境空气质量标准（GB3095-2012）为目标，模拟计算了全国 31 个省（直辖市、自治区）一次 PM$_{2.5}$ 的最大允许排放量，可作为本指标的数据来源。

9.4 实证分析结果

9.4.1 数据来源与指标选取

本章将 GDP、PM$_{2.5}$ 分别作为期望产出和非期望产出变量[67]，并对 PM$_{2.5}$ 作加权处理，即中国各省人口加权 PM$_{2.5}$ 浓度乘以各省国土面积再除以全国 PM$_{2.5}$ 达标约束下的一次 PM$_{2.5}$ 的大气环境容量。选用 SO$_2$ 排放量、NO$_x$ 排放量、烟尘排放量、煤炭消费量、汽车保有量、资本、劳动力 7 个主要投入指标，各指标的定义及核算方法如（表 9-1）所示。

表 9-1 投入产出指标描述

指标类别	指标名称	核算内容	单位
投入指标	二氧化硫排放量（SO$_2$）	二氧化硫排放量	吨
	氮氧化物排放量（NO$_x$）	氮氧化物排放总量	吨
	烟尘排放量	烟尘排放总量	吨
	燃煤消费量	燃煤消费量	万吨
	汽车保有量	民用和私人汽车保有量	万辆
	资本（K）	全社会固定资产投资	亿元
	劳动力（L）	就业人口	万人
产出指标	PM$_{2.5}$	各省人口加权 PM$_{2.5}$ 浓度乘以各省国土面积再除以全国 PM$_{2.5}$ 达标约束下的一次 PM$_{2.5}$ 的大气环境容量	μg/m^3
	GDP	国民生产总值	亿元

由于目前仅有 2010 年的各省环境容量数据，为保证数据的可行性和完整性，除大气环境容量选用 2010 年的数据外，其他数据均选用 2012 年的数据（表 9-2）。

表 9-2　投入产出数据

| 决策单元 | 投入 | | | | | | | 产出 | |
| | | | | | | | | 期望产出 | 非期望产出 |
	SO$_2$排放量/吨	NO$_x$排放量/吨	烟尘排放量/吨	煤炭消耗量/万吨	汽车保有量/万辆	资本/亿元	劳动力/万人	GDP/亿元	PM2.5
北京	93 849.39	177 493.41	66 824.78	2 270.00	899.11	6 112.40	592.33	17 879.40	53.65
天津	224 521.40	334 222.59	84 064.00	5 298.00	406.66	7 934.80	148.06	12 893.88	39.65
河北	1 341 201.15	1 761 109.58	1 235 877.24	31 359.00	1 352.55	19 661.30	641.27	26 575.01	777.04
山西	1 301 755.00	1 243 969.91	1 070 863.36	34 551.00	600.40	8 863.30	386.20	12 112.83	294.63
内蒙古	1 384 928.33	1 418 897.36	833 010.10	36 620.00	489.74	11 875.70	360.88	15 880.58	1 339.91
辽宁	1 058 712.30	1 036 321.95	726 257.71	18 219.00	719.70	21 836.30	807.00	24 846.43	258.48
吉林	403 482.25	575 851.78	264 755.80	11 083.00	379.68	9 511.50	407.07	11 939.24	261.36
黑龙江	514 299.73	780 611.37	699 275.14	13 965.00	461.24	9 694.70	504.20	13 691.58	696.77
上海	228 218.29	401 617.86	87 148.42	5 703.00	353.82	5 117.60	711.95	20 181.72	13.01
江苏	991 966.79	1 479 608.69	443 207.70	27 762.00	1 448.89	30 854.20	2 232.88	54 058.22	253.76
浙江	625 766.42	808 848.79	254 029.81	14 374.00	1 416.90	17 649.40	1 546.22	34 665.33	204.20
安徽	519 589.35	921 267.88	462 058.61	14 704.00	526.54	15 425.80	646.22	17 212.05	464.00
福建	371 251.34	467 210.98	252 635.35	8 485.00	514.80	12 439.90	652.73	19 701.78	125.90
江西	567 687.21	577 095.16	357 373.06	6 802.00	351.22	10 774.20	659.87	12 948.88	264.99
山东	1 748 806.99	1 738 973.30	695 266.81	40 233.00	1 904.72	31 256.00	1 375.02	50 013.24	508.46
河南	1 275 909.33	1 625 897.69	599 823.47	25 240.00	1 049.75	21 450.00	865.51	29 599.31	664.88
湖北	622 367.29	640 007.89	349 657.23	15 799.00	521.09	15 578.30	911.53	22 250.45	495.85
湖南	644 959.47	607 213.80	340 723.52	12 084.00	569.73	14 523.20	721.93	22 154.23	553.05
广东	799 223.24	1 303 428.77	328 251.62	17 634.00	1 900.88	18 751.50	1 808.95	57 067.92	213.33
广西	504 123.33	498 255.64	299 723.01	7 264.00	377.02	9 808.60	477.61	13 035.10	290.31
海南	34 136.86	103 392.33	16 605.57	931.00	98.14	2 145.40	116.78	2 855.54	34.00
四川	864 440.44	659 004.69	295 836.11	11 872.00	902.11	17 040.00	884.11	23 872.80	1 278.83
贵州	1 041 086.62	563 538.70	294 496.99	13 328.00	296.57	5 717.80	276.40	6 852.20	366.70
云南	672 215.92	544 346.30	390 645.91	9 850.00	602.32	7 831.10	563.01	10 309.47	421.27
陕西	843 755.44	808 128.82	462 050.81	15 774.00	515.43	12 044.50	420.50	14 453.68	331.96
甘肃	572 489.40	473 381.80	207 567.02	6 558.00	219.31	5 145.00	225.96	5 650.20	542.29
青海	153 853.33	126 058.73	156 392.96	1 859.00	84.91	1 883.40	69.87	1 893.54	779.84
宁夏	406 633.25	455 404.94	198 336.71	8 055.00	119.84	2 096.90	98.93	2 341.29	80.88
新疆	796 128.41	819 477.30	696 125.97	12 028.00	346.34	6 158.80	211.68	7 505.31	2 164.42

注：（1）重庆、西藏部分缺失，且不包括香港、澳门和台湾地区的数据。

9.4.2 实证结果分析

采用 Dea Solver 5.0 软件，在 Mode Selection 中选用非期望模型（undesirable outputs）并分别给 good outputs 和 bad outputs 赋予 0.65 和 0.35 权重[①]，测算各个省份排放效率（表 9-3）。

DEA 有效值的经济意义：

（1）当 $h_0 = 1$，且 $S^+ = S^- = 0$ 时，则称 DMU_0 为 DEA 有效，投入产出效率最优，即该单元 DUM_0 在投入 X_0 的基础上所获得的产出 Y_0 达到最优。

（2）当 $h_0 = 1$，且 $S^+ \neq 0$ 或 $S^- \neq 0$ 时，则称 DMU_0 为弱 DEA 有效，即在这 n 个决策单元组成的经济系统中，对于投入 X_0 可减少 S^- 而保持原产出 Y_0 不变，或在投入 X_0 不变的情况下可将产出提高 S^+。

（3）当 $0 \leqslant h_0 < 1$ 时，DMU_0 为 DEA 无效，即该单元可通过组合将投入降至原投入 X_0 的 h_0 比例而保持原产出 Y_0 不变。

表 9-3 DEA 模型分析结果

决策单元/DMU	结果	SO_2 排放量	NO_x 排放量	烟尘排放量	煤炭消费量	汽车保有量	资本	劳动力
北京	1	0	0	0	0	0	0	0
天津	1	0	0	0	0	0	0	0
河北	0.330 544 5	964 686.04	1 157 308.9	1 093 714.6	22 252.012	712.265 45	8 418.192 7	0
山西	0.244 316 9	1 154 235	992 522.47	1 014 754.8	30 906.472	363.843 92	5 166.741	0
内蒙古	0.328 258 3	11 542 03.5	1 052 430.9	745 991.35	31 057.484	93.977 625	4 817.577 7	0
辽宁	0.361 602 6	759 911.24	524 287.65	612 535.21	10 823.016	243.181 7	14 478.906	0
吉林	0.340 371 6	264 851.03	334 689.42	211 894.42	7 633.090 1	162.058 18	6 269.431 7	0
黑龙江	0.302 386 4	359 473.04	508 147.82	640 152.35	10 096	221.203 23	6 222.843 8	21.202 496
上海	1	0	0	0	0	0	0	0
江苏	0.479 806 8	380 667.33	403 845.74	209 774.25	12 486.095	501.157 13	17 146.332	325.869 61
浙江	0.486 606 9	233 765.03	119 005.92	104 338.47	4 578.185 9	809.157 59	8 859.104	323.332 08
安徽	0.323 025 7	324 952.59	578 746.69	387 733.78	9 840.176 6	224.783 38	11 061.237	39.030 97
福建	0.515 343 8	137 610.12	64 442.919	163 646.67	2 689.576 5	144.498 97	6 800.943 2	0
江西	0.324 582 2	421 259.09	319 411.4	301 457.39	3 142.873 7	124.204 03	7 490.674 7	203.072 7

---

① 经测算，取不同的权重，实证结果差异不大。因此将期望产出（good outputs）和非期望产出（bad outputs）的权重分别赋值为 0.65 和 0.35。

续表

决策单元/DMU	结果	SO₂排放量	NOₓ排放量	烟尘排放量	煤炭消费量	汽车保有量	资本	劳动力
山东	0.434 052 1	1 083 366.8	645 196.6	443 281.47	24 000.843	798.728 14	12 654.128	0
河南	0.361 845	895 355.32	991 659.05	455 477.58	15 912.301	425.645 87	11 227.521	0
湖北	0.398 842	370 755.45	197 222.14	253 575.65	9 511.413 2	131.001 63	9 936.119 7	126.601 47
湖南	0.448 431 9	379 143	151 260.32	239 542.67	5 502.185 3	146.240 16	7 999.064 9	0
广东	0.693 705 6	101 489.19	116 092.37	62 925.404	406.269 52	780.151 79	1 174.826 6	0
广西	0.363 983 1	356 720.22	238 856.1	243 435.02	3 580.509 4	148.492 45	6 503.211 4	17.771 124
海南	0.511 637	10 739.284	61 204.532	5 127.080 1	352.487 83	0	1 291.712	19.197 618
四川	0.395 056	594 482.8	183 934.04	192 748.92	5 125.965 5	483.579 07	10 986.431	41.949 869
贵州	0.227 764 6	963 600.79	427 179.37	264 907.92	11 391.688	176.439 24	3 980.246 5	34.675 123
云南	0.238 002	555 634.7	339 187.01	346 127.7	6 936.724 6	421.577 39	5 216.865 7	199.323 1
陕西	0.328 341 2	657 377.94	497 881.77	391 367.22	1 1207.647	209.414	70 20.230 5	0
甘肃	0.246 186 2	508 595.99	360 942.36	183 168.41	4 961.352 6	120.252 35	3 712.244 8	26.638 045
青海	0.251 970 7	132 440.86	88 377.131	148 216.3	1 323.918 8	51.713 012	1 403.243 7	3.071 639 8
宁夏	0.187 259 9	380 157.55	408 813.08	188 226.58	7 393.392 5	78.793 19	1 503.205	16.336 375
新疆	0.263 427 9	697 637.13	656 688.25	658 805.09	9 620.870 1	183.508 73	3 448.417 4	0

从表 9-3 中的相对效率值来看，我国省份的 $PM_{2.5}$ 排放效率差距比较大，大致可以分为三类。第一类是上海、北京和天津三个决策单元的投入产出效率最高，这三个省份现有的 $PM_{2.5}$ 投入产出效率均处于共同前沿面上，效率值为 1，即决策单元 DMU 有效投入产出效率最优；同时也说明这三个省份较好地协调了经济和环境发展的关系。第二类为广东、福建、海南、浙江、江苏、湖南和山东，这 7 个省份的投入产出效率高于全国总的投入产出的效率均值 0.427，距离前沿面比较近；第三类为湖北、四川、广西、河南、辽宁、吉林、河北、陕西、内蒙古、江西、安徽、黑龙江、新疆、青海、甘肃、山西、云南、贵州和宁夏，这 19 个省份的初始排放效率均低于平均效率，距离前沿面比较远，其中宁夏的投入产出效率最低，为 0.187。

可以看出效率值高的都是各直辖市（重庆、西藏数据缺失除外），如上海、北京等。这些省份的经济发展水平高，资源配置效率较高且正在进行产业升级和技术革新，效率相对较高；效率值中等的大多是东部沿海地区，如广东、福建等；效率值很低的省份则集中在经济发展较为落后的省份，如贵州、宁夏等。

9.4.3 DEA模型中投入冗余率和投入可节省率

1. 全国范围内重点削减投入冗余指标

将决策单元中各分量的松弛变量 $S_i^-(i=1,2,\cdots,m)$ 总和，即 $\sum_{i=1}^{m}S_i^-$ 称为投入冗余量，其与对应投入指标 $\sum_{j=1}^{n}x_{ij}$ 的比值定义为投入冗余率，记为 χ_{ij}。

$$\chi_{ij}=\frac{\sum_{i=1}^{m}S_i^-}{\sum_{i=1}^{m}\sum_{j=1}^{n}x_{ij}} \tag{9-13}$$

其中，$i=1,2,\cdots,m; j=1,2,\cdots,n$

式（9-13）表示该分量指标可节省的比例。对同一时期内相关系统间的投入冗余量（率）进行横向比较，可综合判断各系统的投入利用效率（表9-4）。

表9-4 投入冗余率和投入可节省率

	SO_2排放量	NO_x排放量	烟尘排放量	煤炭消费量	汽车保有量	资本	劳动力
投入量	20 607 358.27	22 950 638.01	12 168 884.79	429 704.00	19 429.41	359 181.60	19 324.67
冗余量	13 843 111.05	11 419 333.97	9 562 926.33	262 732.55	7 755.87	184 789.45	1 398.07
冗余率	67.18%	49.76%	78.59%	61.14%	39.92%	51.45%	7.23%

从表9-4来看，在产生同等 PM2.5 和 GDP 时，投入指标中冗余过量。除劳动力的冗余率外，其他投入变量冗余率超过 50%。冗余率最高的是烟尘排放指标，高达 75%；最低的是劳动力指标，且节省率最高的也是烟尘排放指标。当 $0 \leqslant h_0 < 1$ 时，DMU_0 为 DEA 无效，即该单元可通过组合将投入降至原投入 X_0 的 h_0 比例而保持原产出 Y_0 不变，出现冗余的投入应该是削减的重点。因此，烟尘排放量应是削减的重点，其余的削减指标依次为 SO_2 排放量、煤炭消费量、资本、NO_x 排放量、汽车保有量及劳动力；削减的幅度分别为 67.18%、61.14%、51.45%、49.76%、39.92%和 7.23%。

2. 各省份削减投入冗余指标

将决策单元 DUM_k 中各投入指标下的松弛变量分别除以对应的投入指标值，得到每个省份的投入冗余率；同理，将决策单元 DUM_k 中各产出指标下的松弛变量分别除以对应的产出指标值，得到的是各省份的投入产出冗余率（表9-5）。

表 9-5 各省份投入产出冗余率 （单位：%）

决策单元	投入							产出	
								期望产出	非期望产出
	SO$_2$排放量	NO$_x$排放量	烟尘排放量	煤炭消费量	汽车保有量	资本	劳动力	GDP	PM$_{2.5}$
北京	0.00	0.00	0.00	0.00	0.00	0.00	0.00	0.00	0.00
天津	0.00	0.00	0.00	0.00	0.00	0.00	0.00	0.00	0.00
河北	71.93	65.71	88.50	70.96	52.66	42.82	0.00	0.00	93.90
山西	88.67	79.79	94.76	89.45	60.60	58.29	0.00	0.00	95.92
内蒙古	83.34	74.17	89.55	84.81	19.19	40.57	0.00	0.00	97.72
辽宁	71.78	50.59	84.34	59.41	33.79	66.31	0.00	0.00	91.05
吉林	65.64	58.12	80.03	68.87	42.68	65.91	0.00	0.00	96.50
黑龙江	69.90	65.10	91.55	72.30	47.96	64.19	4.21	0.00	98.73
上海	0.00	0.00	0.00	0.00	0.00	0.00	0.00	0.00	0.00
江苏	38.38	27.29	47.33	44.98	34.59	55.57	14.59	0.00	86.26
浙江	37.36	14.71	41.07	31.85	57.11	50.19	20.91	0.00	89.05
安徽	62.54	62.82	83.91	66.92	42.69	71.71	6.04	0.00	97.61
福建	37.07	13.79	64.78	31.70	28.07	54.67	0.00	0.00	86.48
江西	74.21	55.35	84.35	46.21	35.36	69.52	30.77	0.00	96.85
山东	61.95	37.10	63.76	59.65	41.93	40.49	0.00	0.00	85.84
河南	70.17	60.99	75.94	63.04	40.55	52.34	0.00	0.00	94.38
湖北	59.57	30.82	72.52	60.20	25.14	63.78	13.89	0.00	97.11
湖南	58.79	24.91	70.30	45.53	25.67	55.08	0.00	0.00	96.32
广东	12.70	8.91	19.17	2.30	41.04	6.27	0.00	0.00	72.97
广西	70.76	47.94	81.22	49.29	39.39	66.30	3.72	0.00	97.10
海南	31.46	59.20	30.88	37.86	0	60.21	16.44	0.00	84.41
四川	68.77	27.91	65.15	43.18	53.61	64.47	4.74	0.00	98.80
贵州	92.56	75.80	89.95	85.47	59.49	69.61	12.55	0.00	98.80
云南	82.66	62.31	88.60	70.42	69.99	66.62	35.40	0.00	98.42
陕西	77.91	61.61	84.70	71.05	40.63	58.29	0.00	0.00	94.44
甘肃	88.84	76.25	88.25	75.65	54.83	72.15	11.79	0.00	99.33
青海	86.08	70.11	94.77	71.22	60.90	74.51	4.40	0.00	99.84
宁夏	93.49	89.77	94.90	91.79	65.75	71.69	16.51	0.00	98.13
新疆	87.63	80.14	94.64	79.99	52.99	55.99	0.00	0.00	99.53

从表 9-5 来看，这些省份中综合来看，贵州省的各投入指标的冗余率相对较高，需要削减的投入冗余量最多。从横向来看，各省份投入指标削减分布主要呈现以下规律：①北京、天津及上海三个省份的投入产出效率为 1，投入产出冗余量都为 0，不需要削减投入指标来控制 $PM_{2.5}$；②山西、内蒙古、吉林和黑龙江等省份的冗余率位列前三位的投入指标依次为 NO_x 排放量、煤炭消费量、SO_2 排放量；③河北、山东、河南、云南、陕西和宁夏等省份的冗余率位列前三位的投入指标依次为 NO_x 排放量、SO_2 排放量和煤炭消费量；④辽宁、福建、江西、湖南、广西、四川和青海等省份的冗余率较高的投入指标包括 SO_2 排放量、烟尘排放量和资本等。

从纵向来看，各省份投入指标削减分布主要呈现以下规律：①高冗余率集中在 SO_2 排放量、烟尘排放量及煤炭消费量等投入指标；低冗余率集中在 NO_x 排放量、汽车保有量、资本及劳动力等投入指标。②高冗余率集中在 SO_2 排放量、烟尘排放量及煤炭消费量等投入指标的省份有河北、山西、内蒙古、吉林、黑龙江、山东、河南、贵州、云南、陕西、甘肃、宁夏及新疆。③劳动力指标的冗余率最低，除江西、云南、浙江这 3 个省份外，其他各省的劳动力冗余率都小于 20%，其中北京、天津、河北、山西、内蒙古、辽宁、吉林、上海、福建、山东、河南、湖南、广东、陕西和新疆的劳动力冗余率都为 0。④投入冗余率大体呈现出东部沿海省份的冗余率较小，中西部各省份的投入冗余率较大的分布状态。呈现这一状态的原因可能为沿海的经济较发达，生产技术水平较内陆地区高，产业轻型化和新型化程度较高，节能减排力度较大等。⑤在所有决策单元中，除北京、天津及上海外，其余省份均需要通过削减投入或产出冗余以提高排放效率。

以江苏省为例，其 SO_2、NO_x、烟尘、煤炭消耗量、汽车保有量、资本存量及劳动力的冗余率分别为 38.38%、27.29%、47.33%、44.98%、34.59%、55.57% 及 14.59%。因此，可以通过削减投入指标来减少 $PM_{2.5}$。如严控 SO_2、NO_x、烟尘的排放；提高燃煤利用效率，同时大力发展新能源，尽早摆脱对煤炭的过度依赖；大力发展新能源汽车，促进汽车产业的技术创新；通过限号限行、发展公共交通等措施控制汽车保有量，减少机动车污染防治；政府应提高固定资产投资的环境效益，降低资本冗余率等，可以通过多种途径减少 $PM_{2.5}$ 排放。

9.5　结论与政策建议

本章提出一种通过削减投入指标以控制雾霾总体排放的思路，利用 DEA 模型，选用二氧化硫排放量、氮氧化物排放量、煤炭消费量、汽车保有量、资本、劳动力 7 个投入指标，将非期望产出雾霾排放和 GDP 作为产出指标，测算我国 29 个省份投入指标的产出效率。结果发现：结果发现：①从全国范围来看，在产

生同等 $PM_{2.5}$ 和 GDP 时，投入指标冗余过量。除劳动力投入冗余率较低外，其余投入变量的冗余率均较高，其中烟尘冗余率最高，为 78%。②从各省份看，除了北京、天津及上海外，其他省份均有投入冗余。

根据本章研究结果，对雾霾治理提出 2 点建议。

(1) 从投入产出效率角度。①上海、天津和北京 3 个决策单元的投入产出效率值为 1，这 3 个省份应保持现状，继续协调好经济和环境发展的关系。②其他地方政府需要进一步强化减霾的目标责任。投入产出效率较低的西部省份，如湖北、四川、广西、河南、辽宁、吉林、河北、陕西、内蒙古、江西、安徽、黑龙江、新疆、青海、甘肃、山西、云南、贵州和宁夏等地应积极制定符合本区域实际情况的产业政策，抑制高耗能、高排放行业，加快淘汰落后产能，推动传统产业改造升级，尽早完成减霾目标。例如山西省，应逐步淘汰落后钢铁和煤炭化工产业，摒弃唯 GDP 主义，避免过度建设拉动的重化工业膨胀，切实治理雾霾污染，削减雾霾排放。

(2) 从投入冗余率角度。①针对煤炭冗余率较高的问题，应调整能源消费结构。降低化石能源尤其是常规煤炭在一次能源消费中的比例，无疑是雾霾治理最有效的路径。例如发电要争取发电主体多元化，如果继续通过燃煤等火发电，我国以煤炭为主的较为劣质的能源消费结构将得不到有效调整。除了火电外，目前主要有水电、核电以及可再生能源发电。积极发展先进核能及清洁能源，以缓解能源供需矛盾，减轻环境污染。②加强机动车尾气尘的防治工作。机动车尾气尘是雾霾产生的重要来源之一。机动车对于 $PM_{2.5}$ 贡献率在 10%～50%[68]。机动车尾气尘的污染控制应实行管理和建设并举的对策，淘汰老旧汽车，限制柴油车的发展；治理拥堵，推广高效的机动车尾气排放治理技术和产品；采用清洁燃料，降低燃料中硫等有害物质含量，严格实施新车排放标准；同时大力发展大容量轨道交通。③加强 SO_2 治理工作。企业可以采用 SO_2 的治理技术，如燃烧前、燃烧中及燃烧后烟气脱硫三大类脱硫技术。各地调整能源结构，推广使用电、天然气、煤气、液化石油气等清洁能源或固硫型煤。应大力发展与控制 SO_2 有关的城市能源基础设施建设，引导城市居民绿色消费。此外，还要加强治理生活污染源，严格控制污染物（油烟、有机挥发物、烟尘等）排放。在人口稠密的大型城市，减少城市露天烧烤，并通过立法逐步禁止。

当然，本章还存在不足：①投入指标的代表性不够强。本章设置 7 个投入指标，以及 1 个期望产出指标和 1 个非期望产出指标，投入指标的选取以文献为判据，投入指标的选取可能不够全面。②各类指标的时效性不够强。雾霾不仅仅包含 $PM_{2.5}$ 成分，还包括 PM_{10} 及其他类型。由于各省份 $PM_{2.5}$ 数据获取非常困难，本章选取了 2012 年的 $PM_{2.5}$ 等投入产出指标数据，各省份的大气环境容量采用的是 2010 年的数据等。

参 考 文 献

[1] 克鲁克斯. 迈向环境可持续的未来：中华人民共和国国家环境分析[M]. 张庆丰译. 北京：中国财政经济出版社，2012.

[2] 中华人民共和国国务院. 大气污染防治行动计划[Z]. 2013.

[3] Charnes A，Cooper W W，Rhodes E. 1978. Measuring the eciency of decision making units[J]. European Journal of Operational Research，1978，2（6）：429-444.

[4] Färe R，Grosskopf S，Modeling undesirable factors in efficiency evaluation：comment[J]. European Journal of Operational Research，2004，157（1），：242-245.

[5] Färe R，Grosskopf S. Intertemporal production frontiers：with dynamic DEA[J]. Journal of the Operational Research Society，1996，48（6）：9-45.

[6] Olatubi W O，Dismukes D E. A data envelopment analysis of the levels and determinants of coal-fired electric power generation performance[J]. Utilities Policy，2000，9（2）：47-59.

[7] Tyteca D，Linear Programming models for the measurement of environmental performance of firms—concepts and empirical results[J]. Journal of Productivity Analysis，1997，8（2）：183-197.

[8] Faäre R，Grosskopf S，Tyteca D. An activity analysis model of the environmental performance of firms-application to fossil-fuel-fired electric utilities[J]. Ecological Economics，1996，18（8）：161-175.

[9] Dyckho H，Allen K. Measuring ecological efficiency with data envelopment analysis（DEA）[J]. European Journal of Operational Research，2001，132（2）：312-325.

[10] Gomes E G，Lins M P E. Modelling undesirable outputs with zero gains DEA models[J]. Journal of the Operational Research Society，2008，59（5）：615-623.

[11] Korhonen P J，Luptacik M. Eco-efficiency analysis of power plants：an extension of data envelopment analysis[J]. European Journal of Operational Research，2004，154（2）：437-446.

[12] Kumar S. Environmentally sensitive productivity growth：a global analysis using malmquist-luenberger index[J]. Ecological Economics，2006，56（2）：280-293.

[13] Liang L，Wu D，Hua Z. MES-DEA modelling for analyzing anti-industrial pollution efficiency and its application in Anhui province of China[J]. International Journal of Global Energy Issues，2004，22（2-4）：88-98.

[14] Oude L A，Silva E. CO_2 and energy efficiency of different heating technologies in the dutch glasshouse industry[J]. Environmental and Resource Economics，2003，24（4）：395-407.

[15] Pasurka Jr C A. Decomposing electric power plant emissions within a joint production framework[J]. Energy Economics，2006，28（1）：26-43.

[16] Picazo-Tadeo A J，Reig-Martínez E，Hernández-Sancho F. Directional distance functions and environmental regulation[J]. Resource and Energy Economics，2006，27（2）：131-142.

[17] Ramanathan R. Combining indicators of energy consumption and CO_2 emissions：a cross-country comparison[J]. International Journal of Global Energy Issues，2002，17（3）：214-227.

[18] Bevilacqua M，Braglia M. Environmental efficiency analysis for ENI oil refineries[J]. Journal of Cleaner Production，2002，10（1）：85-92.

[19] Zhang Y，Bartels B. The effect of sample size on the mean efficiency in DEA with an application to electricity distribution in Australia，Sweden and New Zealand[J]. Journal of Productivity Analysis，1998，9（3）：187-204.

[20]　Zhou P, Ang B W, Poh K L. Decision analysis in energy and environmental modeling[J]. Energy, 2006a, 31（14）: 2604-2622.

[21]　Sueyoshi T, Goto M. Slack-adjusted DEA for time series analysis: performance measurement of Japanese electric power generation industry in 1984-1993[J]. European Journal of Operational Research, 2001, 133（2）: 232-259.

[22]　Goto M, Tsutsui M. Comparison of productive and cost efficiencies among Japanese and US electric utilities[J]. Omega, 1998, 26（2）: 177-194.

[23]　Hu J L, Kao C H. Efficient energy-saving targets for APEC economies[J]. Energy Policy, 2007, 35（1）: 373-382.

[24]　Hu J L, Wang S C. Total-factor energy efficiency of regions in China[J]. Energy Policy, 2006, 34（17）: 3206-3217.

[25]　Zhou P, Ang B W, Poh K L. Slacks-based efficiency measures for modeling environmental performance[J]. Ecological Economics, 2006b, 60（1）: 111-118.

[26]　Zhou P, Ang B W, Poh K L. Measuring environmental performance under different environmental DEA technologies[J]. Energy Economics, 2008, 30（1）: 1-14.

[27]　Sun Z R, Zhou D Q, Zhou P, et al. Quota allocation of China's energy conservation based on environmental ZSG-DEA[J]. Systems Engineering, 2012, 30（1）: 84-90.

[28]　Soloveitchik D, Ben-Aderet N, Grinman M, et al. Multiobjective Optimization and Marginal Pollution Abatement Cost in the Electricity Sector—An Israeli Case Study[J]. European Journal of Operational Research, 2002, 140（3）: 571-583.

[29]　Fleishman R, Alexander R, Bretschneider S, et al. Does regulation stimulate productivity? the effect of air quality policies on the efficiency of US power plants[J]. Energy Policy, 2009, 37（11）: 4574-4582.

[30]　Sueyoshi T, Goto M. Returns to scale and damages to scale on U.S. fossil fuel power plants: radial and non-radial approaches for DEA environmental assessent[J]. Energy Economics, 20012d, 34（6）: 2240-2259.

[31]　Yuan P. Analysis of the performance of carbon emissions from China's industrial sector based on the materials balance principle[J]. China Population Resources & Environment, 2015, 25（4）: 1002-2104.

[32]　苗壮, 周鹏, 王宇, 等. 节能、"减霾"与大气污染物排放权分配[J]. 中国工业经济, 2013（6）: 31-43.

[33]　郭际, 刘慧, 吴先华, 等. 基于 ZSG-DEA 模型的大气污染物排放权分配效率研究[J]. 中国软科学, 2015（11）: 176-185.

[34]　张婷, 曹军骥, 吴枫, 等. 西安春夏季气体及 $PM_{2.5}$ 中水溶性组分的污染特征[J]. 中国科学院大学学报, 2007, 24（5）: 641-647.

[35]　Yang H, Chen J, Wen J J, et al. Composition and sources of $PM_{2.5}$ around the heating periods of 2013 and 2014 in Beijing: implications for efficient mitigation measures[J]. Atmospheric Environment, 2015（124）: 378-386.

[36]　黄众思, 修光利, 朱梦雅, 等. 上海市夏冬两季 $PM_{2.5}$ 中碳组分污染特征及来源解析[J]. 环境科学技术, 2014, 37（4）: 124-129.

[37]　Zhao X Y, Wang X M, Ding X, et al. Compositions and sources of organic acids in fine particles（$PM_{2.5}$）over the Pearl River delta region, South China[J]. Journal of Environmental Sciences, 2014（26）: 110-121.

[38]　Cheng Y, Lee S C, Gu Z L, et al. $PM_{2.5}$ and $PM_{10-2.5}$ chemical composition and source apportionment near a Hong Kong roadway[J]. Particuology, 2015（18）: 96-104.

[39]　Wei Z, Wang L T, Chen M Z. The 2013 severe haze over the southern Hebei, China: $PM_{2.5}$ composition and source apportionment[J]. Atmospheric Pollution Research, 2014（5）: 759-769.

[40]　Zhang C H, Liu H Y, Hans T, et al. Productivity growth and environmental regulations—accounting for undesirable outputs: analysis of China's thirty provincial regions using the Malmquist-Luenberger index[J]. Ecological

Economics，2011（70）：2369-2371.

[41]　Stephen M，Griffith X H，Huang H，et al. Characterizing the thermodynamic and chemical composition factors controlling PM$_{2.5}$ nitrate：insights gained from two years of online measurements in Hong Kong[J]. Atmospheric Environment，2015（122）：864-875.

[42]　Zhao M F，Qian T，Huang Z S，et al. Comparison of ionic and carbonaceous compositions of PM$_{2.5}$ in 2009 and 2012 in Shanghai，China[J]. Science of the Total Environment，2015（536）：695-703.

[43]　Qian T，Xin G L，Zheng Y，et al. Preliminary investigation of PM$_1$，PM$_{2.5}$，PM$_{10}$，and its metal elemental composition in tunnels at a subway station in Shanghai，China[J]. Transportation Research Part D，2015（41）：136-146.

[44]　Zhang Y，Huang W，Cai T Q，et al. Concentrations and chemical compositions of fine particles（PM$_{2.5}$）during haze and non-haze days in Beijing[J]. Atmospheric Research，2016（174）：62-69.

[45]　Qiu X H，Duan L，Gao J，et al. Chemical composition and source apportionment of PM$_{10}$ and PM$_{2.5}$ in different functional areas of Lanzhou，China[J]. Journal of Environmental Science，2016（40）：75-83.

[46]　王占山，李云婷，刘保献，等. 北京市 PM$_{2.5}$化学组分特征[J]. 生态学报，2016，36（8）：2382-2392.

[47]　陈魁，银燕，魏玉香，等. 南京大气 PM$_{2.5}$中碳组分观测分析[J]. 中国环境科学，2010，30（8）：1015-1020.

[48]　孙广权，杨慧妮，刘小春，等. 我国 PM$_{2.5}$主要组分及健康危害特征研究进展[J]. 环保科技，2015，21（1）：54-59.

[49]　段连运，卞江，朱志伟. 化学与社会[M]. 北京：化学工业出版社，2008.

[50]　Kumar P，Pirjola L，Ketzel M，et al. Nanoparticle emissions from 11 non-vehicle exhaustsources——a review[J]. Atmospheric Environment，2013，67（2）：252-277.

[51]　卞亦文. 基于 DEA 理论的环境效率评价方法研究[D]. 合肥：中国科学技术大学博士学位论文，2006.

[52]　石风光. 基于非径向超效率 DEA 模型的中国地区技术效率研究[J]. 统计观察，2012（14）：90-93.

[53]　罗艳. 基于 DEA 方法的指标选取和环境效率评价研究[D]. 合肥：中国科学技术大学博士学位论文，2012.

[54]　许平. 非期望的非径向产出模型[J]. 经济数学，2014，31（1）：90-93.

[55]　史丹，吴利学，傅晓霞，等. 中国能源效率地区差异及其成因研究——基于随机前沿生产函数的方差分解[J]. 管理世界，2008（2）：35-43.

[56]　雷达，陈志华，邓建强. 能源化工循环经济中类 Cobb-Douglas 生产函数简化及资源优化分配[J]. 系统工程理论与实践，2014，34（3）：683-680.

[57]　倪岩. 基于国内外研究现状对哈尔滨市 PM$_{2.5}$污染防治对策的研究[D]. 长春：东北林业大学硕士学位论文，2013.

[58]　盛涛. 昆明市大气 PM$_{10}$和 PM$_{2.5}$比值特征及来源研究[D]. 昆明理工大学，2014.

[59]　黄辉军，刘红年，蒋维楣，等. 南京市 PM$_{2.5}$物理化学特性及来源解析[J]. 气候与环境研究，2006，11（6）：713-722.

[60]　Gieré R，Blackford M，Smith K，TEM Study of PM$_{2.5}$ emitted from coal and tire combustion in a thermal power station[J]. Environmental Science & Technology，2006，40（20）：6235-6240.

[61]　邓兰. 哈尔滨市冬季 PM$_{2.5}$影响因素分析[D]. 长春：东北林业大学硕士学位论文，2015.

[62]　环境保护部.《2013 年中国机动车污染防治年报》[N]，2013.

[63]　霍瑾杰. 浅谈汽车尾气污染的防治对策[J]. 中国科技信息，2009（3）：23-27.

[64]　张春梅，吕双春，宋志辉，等. 城市 PM$_{2.5}$治理下机动车保有量研究[J]. 公路与汽运，2014（5）：30-32.

[65]　薛文博，付飞，王金南，等. 基于全国城市 PM$_{2.5}$达标约束的大气环境容量模拟[J]. 中国环境科学，2014，

34（10）：2490-2496.

[66]　李云生. 城市区域大气环境容量总量控制技术指南[M]. 北京：中国环境科学出版社，2005.

[67]　郑佩娜，陈海波，陈新庚，等. 基于 DEA 模型的区域削减指标分配研究[J]. 环境工程学报，2007，11（1）：133-139.

[68]　王跃思，贺泓. 中科院一课题组认为机动车对于 PM$_{2.5}$ 贡献率在 10%～50%[EB/OL]，2014-01-02.